LAS CÉLULAS ERRANTES

Lise Barnéoud

LAS CÉLULAS ERRANTES

LA FASCINANTE BIOLOGÍA DEL MICROQUIMERISMO

Traducción de Belén Gala Valencia

Alianza Editorial

Título original: *Les Cellules buissonnières. L'enfant dont la mère n'était pas née et autres folles histoires du microchimérisme*

Esta edición se ha publicado por acuerdo con Éditions Premier Parallèle en colaboración con sus agentes Books And More Agency #BAM, París, Francia, y The Ella Sher Literary Agency.

PAPEL DE FIBRA
CERTIFICADA

Calle Valentín Beato, 21; 28037 Madrid
www.alianzaeditorial.es
ISBN: 978-84-1148-997-3
Depósito Legal: M. 3.413-2025
Printed in Spain

ÍNDICE

INTRODUCCIÓN

Quimera (nombre femenino):
1. Animal fabuloso con cabeza y pecho de león, vientre de cabra y cola de serpiente.
2. Ser u objeto extraño compuesto de partes dispares que forman un conjunto sin unidad.
3. Proyecto atractivo, pero irrealizable: idea vana, mero producto de la imaginación; ilusión: «Perseguir quimeras».
4. Organismo formado por dos o, menos frecuentemente, diversas variedades de células con diferente origen genético.

Es aquí donde empieza todo, donde todo empezó, donde la aventura sigue avanzando. Ahí, en un vientre redondeado, al abrigo de las miradas, donde incluso el guirigay del mundo queda amortiguado para convertirse en una banda sonora con sordina. Menudo lujo en comparación con nuestros hermanos alados, aislados en su quebradizo cascarón, o con nuestros primos marsupiales, que salen del vientre materno en estado larvario, totalmente vulnerables. En cambio, nosotros, la especie humana, pasamos de media nueve meses a resguardo, cobijados, alimentados. Nueve meses durante los cuales, a partir de una única y minúscula célula, fusión de un óvulo y un espermatozoide, nos convertimos en un organismo provisto de varios cientos de miles de células, más que las estrellas de nuestra galaxia.

Resulta admirable y placentero a la vez imaginar que todas esas células que nos componen, de la cabeza a los pies, del corazón al cerebro, derivan del mismo óvulo fecundado. Una célula-huevo tan pequeña que podríamos encajarla en el diámetro de un cabello y que contiene una combinación única de 23 cromosomas maternos y 23 cromosomas paternos. Unos cromosomas que llevan nuestro ADN, que se considera nuestra identidad genética para el resto de nuestra vida. Al margen de los auténticos gemelos, nadie tiene, ha tenido o tendrá una firma química igual a la nuestra, una huella exclusiva, inmodificable e indeleble. Cierto es que hoy sabemos que los genes no lo hacen todo: la epigenética, una nueva disciplina de la biología, demuestra hasta qué punto el ambiente, nuestro modo de vida o nuestra alimentación influyen en las diferentes manifestaciones posibles de nuestra herencia genética. Los auténticos gemelos son la prueba: compartir el ADN no los convierte en dos clones, ni mucho menos. No obstante, es reconfortante la idea de tener en cada una de nuestras células una distribución insólita, excepcional, que nos individualiza entre el resto de los ocho mil millones de humanos. Para empezar, estimula nuestro ego, nos proporciona un «yo» original, un «yo» singular, coherente.

Aunque las cosas no son tan sencillas. A comienzos de este milenio, los científicos asestaron un primer navajazo a esta concepción ensimismada de nuestra identidad desvelándonos que ese «yo» supuestamente puro y único era en realidad un «nosotros», la mitad de cuyos constituyentes no nos pertenecía. Entrelazado con nuestras células humanas vive un número equivalente de células microbianas sin las que no podríamos sobrevivir: bacterias, virus, hongos, levaduras..., microorganismos imbricados en nuestros tejidos, que influyen no solo en nuestro metabolismo o nuestra inmunidad, sino también en nuestro humor y en nuestro comportamiento. El descubrimiento de la microbiota —nombre dado al conjunto de microorganismos que nos habitan— ha alterado profundamente la comprensión del cuerpo humano y también nuestra percepción del individuo como una unidad autoconstruida, singular, homogénea. A escala celular somos tanto humanos como microbios. Menuda herida narcisista. Bajo nuestra envoltura corporal de *Homo sapiens* ocultamos una multitud de especies que ocupan nuestros órganos cual si fueran pequeños paisajes diferentes, miniecosistemas instalados en el interior de nuestro ecosistema de dos patas, que, a su vez, evoluciona en el interior de otros ecosistemas más amplios aún, como una muñeca rusa dentro de otras.

Si nuestros organismos consisten en estos entrelazamientos de constituyentes microbianos y humanos, ¿seguimos siendo nosotros mismos? Ante esta mareante pregunta, nos quedaba aferrarnos a la unicidad de nuestras células humanas: puede que no supongan más que la mitad de las células que nos integran, pero todas provienen de ese huevo original; todas llevan nuestra identidad genética, origen de nuestra prodigiosa singularidad. Al fin y al cabo, ellas y solo ellas forman nuestro cerebro, nuestro corazón, nuestros gametos. Por indispensables que nos resulten las células microbianas, no constituyen nuestros «órganos nobles»: en el interior de nuestras cavidades craneales solo reinan nuestras «propias» células, ese era nuestro consuelo.

Pero estábamos equivocados. Veinte años después de la «revolución microbiana», se está produciendo otra revolución: ni siquiera esa mitad humana que somos está formada únicamente de un solo «yo». La última unidad a la que podíamos aferrarnos está resquebrajándose: también es plural. Los miles de millones de células humanas que nos componen una vez adultos no proceden todas de nuestro núcleo original.

Semejantes a estrellas llegadas de otro lugar, algunas de ellas portan otras firmas químicas diferentes a las nuestras, esconden un ADN diferente. Y con razón: proceden de otros seres humanos.

Volvamos a acurrucarnos confortablemente en el seno de los vientres maternales, pues es ahí, en esos pequeños mares interiores efímeros, donde de golpe nos construimos por y con los otros, igual que lo hacen los corales ciertas noches de octubre en las cálidas aguas del océano Índico. Esas noches da la sensación de que nieva sobre el agua. Como una imagen especular de un mundo invernal emergido, unos copos diminutos se elevan por encima de unas extrañas nubes sólidas fijadas al suelo: son los arrecifes de *Acropora cytherea*. Esta especie de coral acaba de liberar sus gametos. En la suave tempestad de nieve aparecen entonces las células-huevos, resultado de un discreto encuentro de gametos machos y hembras. Durante algunos días, las larvas viajan al albur de las corrientes. A continuación, las pocas supervivientes caen al fondo marino donde quedan fijas para el resto de su vida. Allí completan su metamorfosis y se convierten en pólipos, los minúsculos animales que constituyen los corales. Se trata del punto de partida para lo que luego se convertirá en una colonia en la que cohabitarán diversas especies animales, vegetales y microbianas: inmenso y magnífico metaorganismo quimérico. ¿No podríamos considerar la placenta como un ecosistema acuático temporal, similar a un mar interior, y nuestras células, como larvas de coral viajeras?

Ni que decir tiene que, en nuestro caso, las escapadas son más limitadas. Nuestro mar interior se parece más a un lago diminuto. Aunque se apropien de los cursos sanguíneos maternos, las navegaciones celulares terminan chocando con las fronteras naturales del cuerpo. Pero, entonces, ¿a quién pertenecen esas células que encontramos en el útero como si fueran plancton? ¿Y a dónde van nuestras propias células migrantes? Sorprendentemente, ese baile de células no tiene lugar en la intimidad de la madre y su feto. Se expande por varias generaciones, se celebra entre toda la fratría y convoca a los gemelos desaparecidos, los embriones fecundados al mismo tiempo que nosotros, pero que se desvanecen tan rápidamente que a menudo nadie los percibe. A veces, esta extraña coreografía atraviesa el círculo íntimo e introduce otros «yoes», por ejemplo, a través de los trasplantes. A lo largo de ese vaivén invisible, los otros se convierten en nosotros, el pasado se insinúa en el futuro, el futuro se remonta al pasado. La muerte ya no sella la desaparición de nuestras células.

A semejante extremo llega el desbarajuste que ha sacado a la luz el microquimerismo. ¡Vaya nombrecito para un campo de investigación científica! En la mitología griega, Quimera era una criatura maléfica, provista de cabeza de león, cuerpo de cabra y cola de serpiente, herencia de su madre, la diosa víbora Equidna. En nuestro caso, no hay ninguna criatura extraordinaria: todos somos microquiméricos. El préstamo del imaginario fantástico refleja el estupor y la fascinación de los científicos frente a lo que interpretaron en un primer momento como una monstruosidad: ¿mezclar células ajenas con las propias?, ¿las células de alguien que tal vez ya no viva o, incluso, que nunca haya vivido?, ¿es que cada uno de nosotros somos múltiples? ¡Qué cambio de perspectiva! Nosotros, que nos considerábamos puros, dotados de una extraordinaria herramienta de defensa territorial, capaz de reconocer nuestro «yo» y de rechazar el «no-yo»... No solo no lo rechazamos, sino que, por si fuera poco, se incorpora literalmente a nosotros, entra en nuestro cuerpo, *se vuelve* nuestro cuerpo. En estos últimos años, los «cazadores de fantasmas», como a veces los llaman en broma sus colegas, han descubierto hasta qué punto esas células, lejos de ser pasivas, meras viajeras temporales, se integran activamente en nuestros órganos, donde se multiplican, producen proteínas y se comunican con sus vecinas. Ocultas en los pliegues y repliegues de nuestros tejidos, semejantes a las simientes que, arrastradas por las corrientes, enraízan aquí o allá, esas células modelan sutilmente el paisaje, nuestro paisaje.

El propósito de este libro es presentar la ciencia que se está produciendo, el paisaje que se está pintando. Sigue los progresos a tientas de los investigadores, sus periodos de duda, así como sus «momentos eureka». Se suponía que esas células «foráneas» provocaban desorden, causaban inflamaciones, atacaban nuestros órganos, pero se ha descubierto que también son capaces de paliar nuestras flaquezas, de regenerar nuestros tejidos, de educar a nuestro sistema inmunitario. Durante más de un año he buceado en los misterios de este cuadro en proceso de elaboración y he intentado descubrir hasta sus más mínimos detalles. He rastreado la odisea de esas células: ¿se fijan al azar en alguno de nuestros órganos, a merced de los fluidos corporales, o siguen una lógica de sedentarización que se nos escapa todavía?, ¿qué elixires químicos hacen que esos Dr. Jekyll basculen hacia Mr. Hyde?, ¿es posible que su doble personalidad explique algunas enfermedades?, ¿podrían emplearse como herramienta terapéutica? He dado la tabarra a decenas de investigadores con mis continuas preguntas y he admirado su perseverancia para completar, para mejorar sin pausa esa obra ampliamente incompleta cuando habría sido más cómodo limitarse a pinturas más convencionales. También he descubierto vidas descabaladas por ese fenómeno, especialmente mujeres y hombres en cuyos gametos se alojan células microquiméricas que alteran la transmisión genética clásica y vuelven inútiles nuestras pruebas de ADN en los procesos de filiación. No tiene nada que ver con cuadros abstractos: lo que de pronto surge es un paisaje realista, un paisaje que podría ser cualquiera de nosotros.

Durante mi indagación, he podido observar asimismo la recepción de esta obra iconoclasta fuera de los laboratorios. En veinte años de periodismo científico, mis historias jamás habían tenido tanta repercusión a mi alrededor. Irremediablemente se repite la misma escena: explico lo que significa el microquimerismo, resumo las certidumbres y las incertidumbres de los científicos, y acto seguido se descorren los cerrojos, se desencadenan las resonancias, como si esas ínfimas células abriesen la puerta de lo íntimo; como si evocar a los otros en uno mismo permitiese, sobre todo, hablar de uno mismo. ¿Ese «yo» ampliado a los demás es la prolongación de algo? ¿Hasta qué punto me influyen esas células? ¿Pueden convertirme sus genes en alguien diferente? ¿Pueden sobrevivirme mis células, transmitirse de cuerpo en cuerpo indefinidamente? Me veo desbordada por las preguntas. En internet leo todo tipo de comentarios y de especulaciones de blogueros, guionistas, religiosos, juristas, filósofos, feministas militantes o científicos. Aunque el microquimerismo se dirige a todo el mundo, parece que cada uno le hace decir una cosa diferente. (De)formados por nuestras trayectorias vitales, nuestras necesidades y nuestros deseos, desarrollamos nuestras propias interpretaciones sobre lo que el microquimerismo significa para nosotros, sobre lo que dice de nuestras identidades, de la maternidad, de la filiación o de nuestra angustia frente a la muerte. Algunos quieren ver en él un vínculo profundo, indefectible y natural entre las madres y sus hijos, mientras que otros denuncian una (nueva) forma de los varones para extender su influencia. Algunos lo utilizan para oponerse al aborto, otros para defender la libre elección de las mujeres. Algunos encuentran consuelo en estar así vinculados a seres queridos desaparecidos, soñando incluso con poder comunicarse con ellos por mediación de esas células. Otros, en cambio, no soportan la idea de ser «habitados» por su madre o su hermano mayor desaparecido.

Esta gran ventana abierta al imaginario me produce tanta fascinación como espanto. ¿No deberíamos dejar que la ciencia nos hable en lugar de intentar hacerle hablar? Mi formación profesional me obliga a los datos probados y verificados: la ciencia depende de la razón, no de la imaginación. Sin embargo, el microquimerismo parece experimentar un malévolo placer en difuminar esas fronteras. Hipótesis que ayer parecían totalmente peregrinas hoy son hechos confirmados. «La imaginación es más importante que el conocimiento», dijo, al parecer, Albert Einstein. En nuestro caso, la imaginación galopa por delante del conocimiento. Me he dado cuenta de que no tenía sentido intentar retenerla. En efecto, el microquimerismo nos arrastra lejos, muy lejos, en nuestro imaginario. Pero, al fin y al cabo, si la ciencia todavía puede hacernos soñar, ¿por qué privarse?

1

VIAJE POR EL MAR MATERNO

El otro es ese yo que no soy yo.

Jean-Paul Sartre

Acaba de producirse la fecundación. Una canica minúscula, un poco deforme, rueda muy lentamente por un tubo sombrío. Dirección: el útero. Para empezar, la bolita se divide una primera vez generando dos células hijas. A continuación, cada una de las células se divide formando poco a poco el «embrioblasto», que se hincha de hora en hora: misteriosa hazaña que se repite desde la noche de los tiempos. Al cabo de unos días, las células recién surgidas situadas en la periferia toman un aspecto muy particular: se fusionan entre sí hasta convertirse en células gigantes que contienen varios núcleos. Son las llamadas células trofoblásticas, que van a cambiar radicalmente el ambiente romántico de nuestros primeros balbuceos. Y es que empiezan a atacar a las células maternas de la mucosa uterina a las que se encuentran adheridas, a perforarlas hasta acabar con ellas[1]. A partir de este momento, esa zona se asemeja a un auténtico campo de batalla: las células trofoblásticas se multiplican y conquistan los lugares dejados vacíos por las células maternas moribundas hasta llegar a los vasos sanguíneos que irrigan el útero. Un poco como lo harían las raíces de una semilla en busca de agua y minerales, solo que aquí las raíces llevan la semilla al interior de la mucosa y terminan por abarcarla completamente, formando así la placenta.

«Si observase un tumor, contemplaría más o menos la misma escena», advierte Amy Boddy, bióloga evolutiva en la Universidad de Santa Bárbara, en los Estados Unidos: «En ambos casos, encontramos células extremadamente agresivas, capaces de eludir el sistema inmunitario y de apoderarse de los vasos sanguíneos para extraer de ellos energía». Esta investigadora está fascinada por la placenta, el único órgano que necesita la «cooperación» de dos individuos —la madre y el embrión— para su desarrollo. Cuando quedo con Amy por vez primera, en julio de 2022 en Lisboa, está radiante: ella y Thoma Kroneis, un microbiólogo austríaco, acaban de recibir una beca de 5,4 millones de euros para estudiar el microquimerismo, un fenómeno vinculado inextricablemente a la placenta. Los dos investigadores han reunido a una docena de especialistas con ocasión de una conferencia sobre medicina y evolución para anunciar el primer programa de investigación a gran escala, internacional y multidisciplinar, sobre *el* tema que les fascina, por el que son capaces de permanecer horas con los ojos pegados al microscopio, pero para el que, hasta ese momento, no había demasiada financiación disponible.

Volvamos al clamor guerrero (no el de los científicos, sino el de nuestro embrioblasto). Así pues, en unos pocos días, las células trofoblásticas se convierten en la placenta, nuestra burbuja durante nueve meses. Aunque pueda parecer sorprendente, esta extraña mecánica de agresión celular se la debemos a un virus. Este virus, que habría infectado a uno de nuestros antepasados hace decenas de millones de años, pertenece a la familia de los retrovirus, capaces de inocular sus genes en el ADN de los organismos que infectan. Es decir, que nuestro genoma contiene decenas de miles de fragmentos de ADN procedentes de esos retrovirus que nos infectaron durante milenios, lo que, aun así, representa aproximadamente un 8 % de la totalidad de nuestro ADN. En efecto, hasta en el seno de nuestro ADN, resguardados incluso en el núcleo-fortaleza de nuestras células, se ocultan fragmentos foráneos. Los microbios no solo viven en nosotros, sino que hemos integrado también su ADN en el nuestro...: alteridad en todos los niveles.

La mayoría de esos elementos genéticos de origen viral parecen guardar silencio, como los parientes lejanos cuya existencia recordamos únicamente por las fotos. Sin embargo, uno de ellos, llamado HERV-W, nos ha prestado y nos presta un enorme servicio. Es él el que permite a las células trofoblásticas producir una molécula llamada sincitina, sin la que sería imposible que invadieran las células de la pared uterina, y formar, por consiguiente, la placenta. Si se apagase ese gen, no sobreviviría ningún embrión. En otras palabras, de no habernos encontrado con ese virus, de no haberse producido esa mezcla de ADN viral y animal, seguiríamos poniendo huevos de cáscara quebradiza. El confortable capullo en el que pasamos los nueve primeros meses de nuestra existencia representa en cierto modo un recordatorio de ese lejano encuentro. De esa cuna depende toda la historia que viene a continuación.

Apertura de vías navegables

Volvamos a nuestro puesto de observación. Cuando las primeras células trofoblásticas alcanzan los vasos sanguíneos maternos, se abren unos pasajes, vanos minúsculos entre dos mundos, por los cuales se infiltran otros mundos. Si las madres fueran mares, esos pasajes serían algo así como los canales navegables, vías acuáticas que unen dos ecosistemas antes separados. Estas aberturas creadas por el hombre favorecen también el paso de numerosas especies marinas, a veces, en detrimento de las especies autóctonas de otros lugares. En nuestro caso, los minúsculos pasillos que se forman en la placenta permiten el paso de los nutrientes de la madre al feto, el aporte de oxígeno y la evacuación de dióxido de carbono, así como la circulación de hormonas y… de células, como las especies exóticas que se abren paso hacia nuevos horizontes.

Georg Schmorl fue el primero en intuir el paso de células fetales al organismo de la madre[2]. Nos encontramos en Leipzig, en 1893. En ese momento, este médico forense se halla trabajando sobre la eclampsia, crisis con convulsiones generalizadas que se producen en un 0,5 % de los embarazos. En aquel entonces, este gravísimo fenómeno se asocia con problemas renales. Sin embargo, al hacer la autopsia del cuerpo de diecisiete mujeres fallecidas durante el embarazo o el parto, el joven advierte en el interior de sus pulmones unas células «muy particulares», de tamaño gigantesco y con varios núcleos. Un tipo de células que normalmente solo se encuentran en dos órganos: la médula ósea y la placenta. Dado que no aparece ninguna brecha en los huesos, el único origen posible son las células fetales de la placenta, razona Georg Schmorl. En lugar de haberse quedado prudentemente en el seno de ese envoltorio protector, se habrían escabullido a través de la circulación sanguínea materna. La llegada masiva de células trofoblásticas a los pulmones de las madres podría desempeñar un papel en la eclampsia, supone el patólogo. En un informe de un centenar de páginas salpimentadas con dibujos de observación microscópica[3], formula la hipótesis de que ese «tráfico» de células podría producirse también durante embarazos normales, pero en menor proporción. Georg Schmorl muere en 1932 de una infección contraída al herirse con una columna vertebral durante una disección. Demasiado pronto para enterarse de que tenía razón.

Células fetales en perfusión homeopática

Veintisiete años más tarde, en 1959, unos investigadores radicados en Nueva York demuestran efectivamente que las células trofoblásticas se encuentran en la sangre de mujeres embarazadas sin precedente de eclampsia desde la decimoctava semana de embarazo[4]. «No cabe ninguna duda de que este fenómeno se produce en los embarazos normales», insisten Gordon Douglas y su equipo. Esta «migración de células» podría contribuir a entender una de las grandes paradojas de la evolución, la tolerancia fetal. ¿Por qué la madre no rechaza el feto a pesar de ser medio ajeno para ella? En buena lógica, su sistema inmunitario debería identificarlo como un no-yo y librarse de él. Tal vez, proponen Gordon y sus colegas, los fetos se harían aceptar sin oposición enviando un poco de sí mismos en dosis homeopáticas al organismo de las madres; como si esas excursiones trofoblásticas nos hicieran pasar de la condición de semiforáneo a la de otro yo a los ojos de las células inmunitarias maternas.

En 1969, un poco por azar, se produce otro acontecimiento clave. El equipo de Melvin Grumbach, de la Universidad de California, estudia la inmunidad de las mujeres embarazadas. Gracias a unas técnicas de análisis biológico sofisticadas para la época, el equipo americano logra visualizar los cromosomas del interior de los glóbulos blancos, también llamados linfocitos[5]. Estas células desempeñan un papel fundamental en nuestra defensa inmunitaria. Estupor: en las muestras de sangre de mujeres embarazadas, los científicos advierten la presencia de linfocitos con el característico cromosoma Y. Ahora bien, lo normal es que ese pequeño cromosoma asimétrico sea privativo de los hombres... Es bien sabido que, en sus células, las mujeres poseen dos cromosomas X, heredado uno del padre y otro de la madre, mientras que los hombres poseen uno X, procedente de la madre, y otro Y, procedente del padre. Sin embargo, no cabe ninguna posibilidad de error en la interpretación: en total, son treinta y cuatro las células con pasaporte XY que el equipo observa en la sangre de veintiuna pacientes. De ellas, diecinueve alumbrarán a un chico. A su vez, de nueve mujeres en las que no se encontró ningún cromosoma Y, seis dieron a luz hijas. Para Melvin Grumbach y sus colegas, esos linfocitos Y proceden necesariamente de fetos varones. En su artículo, publicado en la prestigiosa revista *The Lancet,* dejan ver ya la posibilidad de utilizar esa técnica para determinar el sexo y las eventuales anomalías cromosómicas del feto a partir del fin del primer trimestre de embarazo, con lo que se limitaría el recurso a la amniocentesis, prueba en la que se toman muestras de células fetales en el interior de la placenta. La intervención es tan invasiva que acaba en aborto entre un 0,5 % y un 1 % de los casos. Al analizar las células fetales obtenidas de la sangre de las madres y no del saco gestacional, se podrían evitar esos dramas.

A partir de entonces, varios equipos se ponen a trabajar en esa prometedora pista, tanto desde el punto de vista de la salud pública como desde el económico —se estima entre 3 y 4 mil millones de dólares el mercado de test prenatales en 2020—. En un primer momento, la presencia de un cromosoma Y sirve como indicador para distinguir las células de origen fetal en la sangre de mujeres embarazadas de chicos. Más tarde se observará que esas viajeras solitarias se encuentran en la sangre de todas las mujeres embarazadas, ya porten un feto varón o hembra. Según los estudios[6], hay entre mil y cinco mil por cada cien mil células maternas. Su número va incrementándose a lo largo del embarazo y luego desciende rápidamente tras el parto hasta llegar casi a cero. Es de suponer que esas aventureras terminen por desaparecer poco después del nacimiento, cuando el organismo materno haga una «limpieza» de células exóticas.

Pero en el otoño de 1993, Diana Bianchi, una médica de 38 años, provoca un gran revuelo durante el congreso anual de la American Society of Human Genetics: su equipo de la Facultad de Medicina de la Universidad de Harvard ha descubierto células masculinas en la sangre de seis mujeres del grupo de control, formado por madres que no estaban embarazadas durante el estudio, pero que habían dado a luz a chicos entre uno y veintisiete años antes: una prueba, expone la investigadora ante sus estupefactos colegas, de que las células fetales pueden permanecer durante varios decenios en el organismo materno. Lo que significa además que se trata de células madre, capaces de mantenerse en el organismo autorenovándose. Células susceptibles de sobrevivir al individuo huésped. La imagen es poética, universal: probablemente, las madres llevan las células de sus hijos toda su vida. «Este vínculo madre-hijo conmueve a todo el mundo —manifiesta Diana—. Un día, con ocasión de una de mis conferencias, vino a verme una madre con lágrimas en los ojos. Su hija había muerto muy joven, pero imaginar que su niña estaba todavía presente a través de ese microquimerismo la consolaba enormemente, incluso la hacía feliz. Era como si su hija viviera todavía en ella.» Poco importa que esas células aisladas no tengan nada que ver con la hija desaparecida, que esas briznas de ADN, aunque estuvieran enteras, no transmitan su personalidad. «Si el microquimerismo puede ayudarle en su duelo, tanto mejor», defiende.

Una revelación inoportuna

Este descubrimiento conlleva, en primer lugar, una gran decepción. Si las células fetales persisten decenios en el organismo materno, resulta delicado utilizarlas como fuente de información sobre el embarazo en curso. Ya era un problema que fueran tan poco numerosas y difíciles de aislar, si además no puede saberse de qué feto proceden... En efecto, abandonar la amniocentesis y apostar por el examen de las células fetales circulantes conlleva el riesgo de analizar el genoma de un bebé anterior o, incluso, de un aborto. Esto explica, por otra parte, lo que hasta entonces se consideraban fallos de manipulación o interpretación: la presencia de células XY en la sangre de mujeres que no estaban embarazadas o que llevaban un feto femenino. Habrá que esperar finalmente a la década del 2000 para que otra técnica no invasiva de diagnóstico prenatal sustituya a la amniocentesis. Se tuvo entonces la idea de utilizar no ya las células del feto, sino sus filamentos de ADN, que flotan libremente en la circulación sanguínea materna. Presentan la ventaja de ser mucho más numerosos que las células enteras —hasta el 10 % del ADN libre en el plasma de las mujeres embarazadas proceden de su feto— y de destruirse rápidamente: imposible recuperar el material de un embarazo anterior.

A la decepción le sucede una gran perplejidad. El descubrimiento trastoca demasiadas certidumbres. En primer lugar, el sentido de la transmisión: lógicamente, son los hijos quienes heredan los genes de sus progenitores y no al revés; sin embargo, ahora las células remontan el árbol genealógico, vuelven al pasado. ¡Qué aberración! Y, sobre todo, la persistencia de esas células cuestiona el paradigma fundamental de la inmunidad, a saber, la discriminación entre el yo y el no-yo. Con tal planteamiento, dominante en esa época, resulta del todo imposible aceptar la idea de que unas células alóctonas puedan pasearse durante veintisiete años en un organismo sin que el sistema inmunitario las encuentre y las destruya. Ya es bastante que los inmunólogos sigan penando por comprender por qué las madres no rechazan a sus fetos como para que, además, estos difieran genéticamente de aquellas; si se añaden otras excepciones a su teoría, las cosas se volverán pronto demasiado complicadas... En tres ocasiones los editores científicos rechazan publicar ese descubrimiento por considerarlo demasiado iconoclasta.

Al margen de la decepción y del escepticismo, los protagonistas de este nuevo campo de investigación chocan con otro problema: la falta de interés por todo lo que atañe a la salud de las mujeres y la reproducción. «Los hombres no se sienten implicados y son ellos quienes, la mayoría de las veces, deciden la financiación de las investigaciones...», analiza Diana sin abandonar jamás su sonrisa. Hoy, esta investigadora es directora del Eunice Kennedy Shriver National Institute of Child Health and Human Development, que forma parte de los National Institutes of Health, y administra un presupuesto de unos 1.300 millones de dólares, destinado a promover la salud de los niños, así como de las mujeres y de los adultos minusválidos. «Mi propia experiencia sobre la falta de financiación en este campo ha influido claramente en mis decisiones», reconoce.

En 1996, la revista *PNAS (Proceedings of the National Academy of Sciences)* acepta por fin publicar su perturbador descubrimiento[7]. El embarazo puede generar un «estado quimérico de bajo nivel a largo plazo» en las mujeres, se lee en el artículo, que será el más citado de Diana Bianchi y se convertirá en la piedra angular del microquimerismo. Lejos de representar el final de la historia, el parto no es, en realidad, más que el principio. El principio de una inevitable cohabitación, cuya amplitud e importancia apenas empezamos a entrever.

2

¿LAS INVASIONES BÁRBARAS?

Toda palabra es un prejuicio.

Friedrich Nietzsche

Noviembre de 2022. Viajo a Estados Unidos. Primera parada: Seattle, que se ha convertido en uno de los veneros del microquimerismo. Por casualidades del calendario, llego en plena campaña de las elecciones americanas de medio mandato, las *midterms*. Surgen curiosas similitudes entre la prensa local y mis artículos científicos. En aquella se habla de fronteras, de migraciones, de invasiones, de extranjeros; de defensa, de reemplazo, de identidad nacional: de «yo» contra «ellos». Hace unos años me encontré con el mismo campo léxico nacionalista durante unas investigaciones sobre las vacunas[1]: los científicos lo han utilizado para describir cómo nuestras células inmunitarias detectan y, a continuación, eliminan los virus y las bacterias que se aventuran en nuestro cuerpo. En este caso, son las células microquiméricas las que, con ropajes de inmigrantes, atraviesan ilegalmente las fronteras y colonizan otros cuerpos. ¿No podría encontrarse un nuevo lenguaje que deje de asimilarnos a una nación angustiada por los flujos migratorios? ¿Inventar imágenes más precisas en términos científicos y, a la vez, menos susceptibles de equívocos y de interpretaciones diversas y variadas?

Cuando se lo planteo a Lee Nelson, faltan pocos días para los comicios. Esta reumatóloga americana se ha pasado los treinta últimos años estudiando el microquimerismo. Según todos los expertos, es *la* gran especialista mundial en esta cuestión. En sus numerosos artículos y, en concreto, en sus textos divulgativos, las imágenes de células extranjeras que migran y se instalan en nosotros son legión. «Lo que es llamativo —escribía en 2008— es hasta qué punto esas células migrantes pueden persistir en su nuevo huésped, circular por la sangre e, incluso, elegir domicilio en uno de los diferentes tejidos.» En ese artículo, destinado al amplio público del *Scientific American,* la investigadora compara la placenta con un «paso fronterizo selectivo» y las células fetales que la atraviesan con los «primeros emigrados». Según el momento en que esas células se instalen, su impacto difiere, señala, «al igual que unos inmigrantes que llegan cuando la nación está formándose pueden asimilarse de manera diferente a otros que llegan más tarde».

Esta imagen se la había inspirado Tony Davies, un eminente inmunólogo inglés. «En aquella época, esas comparaciones no tenían, en absoluto, las mismas resonancias que en la actualidad», se defiende Lee, un poco sorprendida por mis preguntas, pero visiblemente contenta por sumirse en los arcanos de lo que para ella fue una gran aventura. La trayectoria de esta recién jubilada superactiva permite comprender mejor no solo el origen de ese campo léxico, sino también su influencia en las investigaciones. Al contrario que Diana Bianchi, Lee Nelson no llegó al microquimerismo con la esperanza de actualizar un test prenatal; lo que a ella le interesaba eran las enfermedades autoinmunes. «Estábamos totalmente perdidos con esos pacientes. En esa época, la teoría dominante atribuía la causa de esas enfermedades a las hormonas. Para mí no tenía ningún sentido». Y con razón: más de los tres cuartos de las víctimas de enfermedades autoinmunes son mujeres y un gran número desarrolla los síntomas pasados los 45 años, cuando las tasas de hormonas descienden. Se acuerda, en concreto, de una paciente a la que le desapareció la artritis reumatoide durante el embarazo, es decir, en pleno *boom* hormonal, para volverle inmediatamente después del parto. «Estaba convencida de que esas enfermedades estaban vinculadas a la inmunidad. ¡Los embarazos requieren ajustes inmunológicos drásticos para aceptar ese cuerpo extranjero que es el feto!» Lee decide, entonces, iniciar una cruzada contra «la mafia de las hormonas» y se une al Institut Fred Hutchinson, en Seattle, donde trabajan especialistas sobre la inmunidad que estudian, sobre todo, problemas de rechazo de trasplantes.

En ese momento, una extraña similitud le salta a la vista: los síntomas de sus pacientes aquejados de esclerodermia, una de las numerosas enfermedades autoinmunes, se parecen mucho a los de la llamada enfermedad del injerto contra el receptor, una gravísima complicación que puede darse tras algunos trasplantes. La piel se vuelve tan dura que impide cualquier movimiento, incluso de la boca, las uñas se rompen, el cabello se cae, las articulaciones se vuelven rígidas. En el caso de la enfermedad del injerto contra el receptor, las células inmunitarias del donante empiezan a atacar a las células del huésped. «Y, a mis pacientes con esclerodermia, ¿qué podría estar atacándoles las células?», se pregunta Lee. «La suerte solo sonríe a las mentes preparadas», decía Pasteur. Se puede afirmar que Lee Nelson estaba preparada. En cuanto a la suerte, fue una llamada telefónica que recibió en su casa, una noche de abril de 1994: un colega le cuenta que han descubierto células masculinas en la sangre de una técnica del laboratorio; esta mujer había dado a luz a un chico un año antes, por lo que sospechan que las células proceden del feto: el mismo descubrimiento que había hecho Diana Bianchi, del que Lee todavía no había oído hablar, unos meses más tarde, en la otra orilla de Estados Unidos. «Se acababa de encender una luz», cuenta Lee: ¿y si las células de origen fetal tuvieran algo que ver con las enfermedades autoinmunes?, ¿podrían atacar nuestros tejidos como en la enfermedad del injerto contra el receptor?, ¿se convierten, por el contrario, en el blanco de nuestras propias células inmunitarias, que las reconocen como foráneas? En ambos casos, eso desencadenaría una inflamación duradera e, incluso, lesiones. Por consiguiente, habría que dejar de hablar de enfermedades «auto»-inmunes —sugiere la investigadora—, ya que nuestro sistema inmunitario no arremete contra sus propias células: o bien es atacado por células alóctonas presentes en nosotros, o bien intenta eliminarlas. Ese no-yo en nosotros sería la causa de nuestros tormentos, lo que cambiaría de cabo a rabo la consideración de estas enfermedades complejas y desconocidas, que afectan a entre un 5 y un 8 % de la población mundial.

Intrusos, luego sospechosos

Se acabaron las hormonas. Lee está convencida de haber llegado a una nueva hipótesis revolucionaria, que tiene la precaución de patentar: una patente que cubra no solo los eventuales procedimientos para diagnosticar una predisposición a las enfermedades autoinmunes a través de células microquiméricas, sino también posibles tratamientos con los que retirar esas células para evitar sus devastadores ataques. Hoy en día todavía no ha visto la luz ninguna aplicación de ese tipo. Lee publica su audaz teoría en 1996, en una revista científica especializada en reumatología[2], apenas unos pocos días después de que la revista *PNAS* publicase, por fin, el descubrimiento de Diana Bianchi. No obstante, las dos mujeres ya habían empezado a colaborar, pues el resumen de la conferencia que Diana había pronunciado durante el congreso de 1993 estaba circulando desde hacía tiempo entre los investigadores. Cuando Lee oye hablar de su descubrimiento, la llama inmediatamente para hacerla partícipe de su hipótesis sobre los vínculos con las enfermedades autoinmunes. Enseguida, muestras de sangre de mujeres enfermas viajan entre Seattle y Boston. Los primeros resultados[3] confirman la hipótesis de Lee: frente al grupo de control —es decir, sano—, las mujeres aquejadas de esclerodermia tienen células masculinas con más frecuencia y en mayor medida en la sangre.

Se produce una revolución semántica. Hasta entonces, las células fetales encontradas en la sangre de la madre eran consideradas como subproductos pasivos del embarazo, un efecto colateral, en definitiva. En esa época, lo que interesa a los investigadores —y, sobre todo, a los proveedores de fondos— no son tanto las células en sí mismas como lo que contienen: la información sobre el futuro bebé para poder emitir diagnósticos prenatales no invasivos y lucrativos. Cuando se descubre que esas células se mantienen en los cuerpos maternos y, poco después, que sus viajes no tienen nada de pasivos, asistimos a un vuelco lingüístico, que la socióloga e historiadora de las ciencias, Aryn Martin[4], ha desmenuzado: «En ese momento empiezan a aparecer metáforas nacionalistas, aceptadas a partir de entonces como lenguaje técnico de este ámbito», manifiesta la investigadora canadiense. Esas células se transforman en migrantes, intrusos, vagabundos que atraviesan la frontera placentaria y colonizan, invaden, ocupan el territorio materno. A las metáforas nacionalistas se le añade un vocabulario sexista, pues, generalmente, las células fetales solo se consideran objeto de estudio por la presencia de cromosomas Y. En otras palabras, se trata casi sistemáticamente de buscar células masculinas en el interior de cuerpos femeninos: células masculinas que se hacen fluorescentes y evolucionan en el seno de un organismo femenino indiscernible, un «ruido de fondo». De paso, este método de identificación invisibiliza las células fetales femeninas, cuya existencia hoy conocemos al igual que la de sus compañeras masculinas. En la década de los 2000, se desarrollaron otras técnicas surgidas de la biología molecular, que permiten identificar marcadores propios de las células fetales, independientemente del sexo de los individuos. No obstante, esas técnicas requieren más tiempo y son más costosas que la simple detección del cromosoma Y, que sigue siendo hoy uno de los medios más empleados en las investigaciones sobre el microquimerismo fetal.

Contagio semántico

No es de extrañar que los científicos se centraran, en primer lugar, en los efectos negativos de esas células. Su búsqueda se realiza, sobre todo, en los tejidos defectuosos o alterados de mujeres enfermas: y se encuentran por todas partes. Se ocultan en todos los escenarios del crimen. De inmediato, las migrantes se vuelven sospechosas e, incluso, culpables. Es el ejemplo perfecto del teorema de la farola: uno busca las llaves bajo el halo de luz no porque ese sea el lugar donde se hayan perdido, sino porque es el único lugar iluminado. Como el foco no se dirige más que a las situaciones patológicas, esas células se convierten *de facto* en invasores dañinos. «El microquimerismo fetal es un fenómeno particularmente interesante para mostrar hasta qué punto la manera en que los científicos hablan de los temas tiene importancia en el curso de la investigación», escribe Aryn Martin.

Más tarde, al desplazar el foco, los científicos descubrirán que las células no son necesariamente el origen de los problemas; generalmente llegan en una segunda fase, como curiosos atraídos al escenario de un crimen. Algunas veces, incluso, van a echar una mano a los tejidos en apuros. Con todo, no se ha abandonado la hipótesis de partida de Lee Nelson: el planteamiento de que células de diferentes orígenes podrían provocar reacciones inmunitarias perjudiciales sigue vigente, si bien parece minoritario: todos somos microquiméricos, pero solo unos pocos de nosotros sufren ese tipo de consecuencias. Esa percepción sombría del microquimerismo procede de un enfoque de la inmunología que en la actualidad está resquebrajándose por completo. Si los investigadores empezaron a hablar de «tráfico» o de «células migrantes», fue, en primer lugar, porque se consideraba que la permanencia de esas células fetales en el cuerpo materno era inconcebible, casi ilegal, que contravenía las reglas de la inmunología y las leyes de la biología.

Esta visión ya no se sostiene. Con el descubrimiento de la microbiota y ahora del microquimerismo, nos hemos dado cuenta de que nuestro sistema inmunitario no era la fortaleza del yo en guerra permanente contra el no-yo. Además, tampoco sabemos ya, en realidad, qué recubre esa noción del yo: ¿solamente nuestras «propias» células? Es decir, ¿las células microbianas y microquiméricas que nos habitan no nos pertenecen? ¿Es preciso abandonar la referencia al yo para abrazar la idea de un conjunto, de una colectividad? ¿No sería posible contemplar nuestro sistema inmunitario no ya como un ejército que rechaza sistemáticamente el no-yo, sino como la fuerza unificadora de la increíble diversidad que nos compone? «Ser uno mismo es, sobre todo, estar hecho por los demás, estar hecho de los demás», escriben dos investigadores franceses, el inmunólogo Edgardo Carosella y el filósofo de la ciencia Thomas Pradeu[55]. El no-yo está en nosotros. Desde el principio y sin interrupción. «El organismo ha dejado de ser una ciudadela del yo asediada por legiones del no-yo, cual aldea gala asediada por los romanos. Se ha abierto al mundo y a los otros, que se encuentran allí estupendamente», escribe, a su vez, el inmunólogo francés Marc Daëron[6], que exhorta a sus colegas a «desembarazarse de los *a priori* que entorpecen el pensamiento inmunológico y lo arrastran hacia una ideología fuera de lugar en una disciplina científica». En lugar de considerar la inmunidad como un sistema de relación con los otros, propone hacerlo como un sistema que permite vivir con los otros y no contra ellos.

Eso es precisamente lo que nos sugiere el microquimerismo. ¿No representa la presencia de células fetales en el cuerpo de la madre, varios decenios después del parto, un magnífico emblema de una identidad plural, de una cohabitación posible y duradera con la diferencia? Por otra parte, tan solo nos encontramos al comienzo de nuestra historia: como veremos, la mezcla del yo y del no-yo va más allá de los cuerpos maternos. No es «solo un asunto de mujeres», como han podido creer algunos especialistas aquí o allá. Todos, hombres y mujeres, con hijos o no, somos multitudes quiméricas. «No somos producto de un yo puro, homogéneo, autoformado», insiste Thomas Pradeu, que estuvo inmerso durante cuatro años en el laboratorio de inmunología de Edgardo Carosella haciendo su tesis doctoral en filosofía[7]. «Nuestra individualidad está en permanente construcción. Consiste en la identidad por el cambio, por la integración de elementos ajenos». Por supuesto, la imagen no es inocente desde el punto de vista político: hemos pasado de una visión particularmente conservadora del «cuerpo social» a una aspiración mucho más progresista. «Se me podrá acusar de dejarme influir por mis ideas políticas —replica Thomas Pradeu, actual director de investigación del laboratorio ImmunoConcept de la Universidad de Burdeos—, pero he intentado, sobre todo, transformar metáforas estériles en un lenguaje preciso, en una exposición verificable». Ese «yo» contra «ellos» ha dejado de tener sentido, pues están entremezclados de modo que los límites de nuestra individualidad se desdibujan. En definitiva, nuestras fronteras corporales son tan porosas como nuestras fronteras geográficas. En efecto, a poco que se le quiera prestar oídos, el microquimerismo nos susurra un relato muy diferente sobre la inmunidad, sobre nuestras identidades. Un relato de aventura colectiva.

3

TE LLEVO BAJO LA PIEL

Conocer la historia de las ciencias es reconocer la mortalidad de cualquier pretensión a la verdad universal.

Evelyn Fox Keller

«Te llevo bajo la piel, te llevo en lo más profundo de mi corazón, tan profundo en mi corazón que realmente ya eres una parte de mí». Frank Sinatra lo sabía, pero era preciso demostrarlo. Edgardo Carosella viaja de Argentina a París en 1976. «Todos hemos llegado al microquimerismo por caminos diferentes», dice con acento cantarín en su acogedor despacho del hospital Saint-Louis. En su caso, la investigación fundamental sobre el sistema inmunitario fue lo que le condujo a interesarse por las células errantes. Tres letras concentran todas sus investigaciones: HLA, que responden a *Human Leucocyte Antigen,* también llamados antígenos de histocompatibilidad. ¿De qué se trata? Proteínas que se adhieren a la envoltura externa de las células, como adornos particulares sobre una gorra. Proteínas codificadas por un grupo de genes heredados en parte del padre y en parte de la madre. En cada fecundación gira la rueda de la lotería y el óvulo fecundado se encuentra con una gorra con un adorno inédito, que, a su vez, transmite sin cambios a sus células hijas en sus múltiples divisiones celulares. Por su parte, estas harán lo mismo cuando se dividan, de tal modo que la totalidad de los descendientes de un cigoto tiene exactamente la misma gorra. El número de antígenos HLA es tan elevado que se calcula que hay más de 10.000 millones de posibles combinaciones. Así pues, cada gorra se considera un ejemplar único en el mundo, un sombrero inimitable. De esta irreductible unicidad depende su papel clave en nuestra inmunidad: es la combinación de HLA lo que permite a las células inmunitarias reconocer lo propio y lo no propio. Esta gorra actúa, por ejemplo, en el rechazo de los trasplantes alogénicos, es decir, procedentes de otras personas. Es ahí donde se sitúa la verdadera definición del individuo para los inmunólogos, «nuestro documento de identidad biológico, el sello de nuestra individualidad»[1], afirmaba Jean Dausset, el médico francés que recibió el Premio Nobel de Medicina en 1980 por el descubrimiento del sistema HLA. Desde ese punto de vista, el yo implica la exclusión del otro. «Nuestra primera conclusión fue afirmar que cada ser humano es único», recuerda Edgardo Carosella, que trabajó durante mucho tiempo con el profesor Dausset antes de relevarlo en el servicio de inmunología del Hospital Saint-Louis. «Pero nuestras diferencias son mínimas: solo unas moléculas nos distinguen de los demás».

Evidentemente, como para cualquier teoría científica, hay excepciones y son estas las que animan a tomar senderos poco frecuentados, llenos de nuevos descubrimientos. Por ejemplo, los glóbulos rojos carecen del tocado HLA; tienen sus propios marcadores que definen los cuatro grupos sanguíneos. No obstante, la excepción que ahora nos interesa afecta a las famosas células trofoblásticas. Las células fetales que constituyen la placenta poseen un tocado muy particular. «Una especie de égida», dice Edgardo en referencia al escudo mágico de la mitología griega. Una capa de invisibilidad, podríamos decir hoy aludiendo a la mitología Potter. Una capa llamada HLA-G. El equipo de Edgardo demostró en los años noventa del siglo pasado que esta extraña proteína permite a esas células pasar inadvertidas. Algo así como si su gorra adormeciera a las células inmunitarias maternas[2]. «Gracias a este descubrimiento hemos empezado a entender por qué la madre tolera durante nueve meses al feto, ¡a pesar de ser foráneo a medias!», señala orgullosamente el inmunólogo mientras se atusa su espléndido bigote. Si a las células trofoblásticas se les impidiera secretar esa proteína, el feto sería rechazado. Pero eso no es todo, pues, además, permite entrever una explicación a la infiltración de las células fetales en el organismo materno. Y no solo en su sangre.

Escapadas sanguíneas

Al tratar a pacientes embarazadas aquejadas de una particular forma de erupción, llamada dermatosis polimorfa del embarazo, Edgardo Carosella y Sélim Aractingi tienen la idea de buscar en las lesiones la huella de eventuales células fetales. Alrededor de un 4 % de las mujeres embarazadas sufren, generalmente durante el tercer trimestre, esas extrañas erupciones cutáneas. «Únicamente una ducha helada permitía calmar el escozor», me contó una amiga que sufrió esa afección durante su primer embarazo. Sélim Aractingi, que presta servicio en la unidad de dermatología del Hospital Tenon de París, conoce bien los trabajos de Lee Nelson, ya que acaba de terminar una tesis sobre las lesiones de piel de la enfermedad de injerto contra receptor. No lo olvidemos: en esta enfermedad, son las células inmunitarias del donante del trasplante las que atacan a las células del huésped. Después de haber constatado similitudes entre dicha enfermedad y la esclerodermia, Lee Nelson había imaginado que también las células fetales podrían alterar el sistema inmunitario. Ante las redondeadas barrigas consteladas de placas rojas, los investigadores se preguntan: ¿y si también aquí estuviese produciéndose el mismo fenómeno? ¿No sería posible que, gracias a su capa de invisibilidad, las células del feto estuvieran mezclándose con la piel de las mujeres embarazadas y desencadenaran las inflamaciones? El equipo realiza entonces biopsias de piel en la zona de las erupciones a diez pacientes embarazadas de chicos y las compara con muestras semejantes tomadas de 26 mujeres, también embarazadas de chicos, pero que presentan otros problemas cutáneos, como eczemas y otras dermatosis[3]. Resultado: más de la mitad de las mujeres aquejadas de dermatosis polimorfa poseen células masculinas en la piel; en el grupo de control, ninguna. «Habíamos demostrado asimismo la presencia de HLA-G en las células masculinas, luego procedían del feto con toda seguridad», precisa Edgardo, que, desde entonces, las considera sospechosas de ser el origen de esas erupciones, a veces, insoportables. «Estas células pueden ser invisibles para el sistema inmunitario, pero secretan moléculas químicas que sí pueden provocar una reacción inflamatoria», supone el investigador.

Del mismo modo, al otro lado del océano Atlántico, los científicos están buscando y encontrando células masculinas en el interior de tejidos dañados de mujeres que han dado a luz a varones. En primer lugar, en las lesiones cutáneas de madres aquejadas de esclerodermia y, más tarde, en el bazo, los pulmones, los ganglios linfáticos y los riñones[4]. Los investigadores también las encuentran en los tejidos de mujeres con otras enfermedades autoinmunes, como la cirrosis biliar, que afecta al hígado; el síndrome de Sjörgen, que afecta a las glándulas salivares; la poliartritis reumatoide, que afecta a las articulaciones; y también el lupus, que afecta a la piel, las articulaciones y otros órganos. En resumen, con el cambio de milenio hemos averiguado que las células fetales no solo pueden introducirse en la circulación sanguínea de las madres, sino también instalarse de forma duradera en el propio interior de los tejidos. Inevitablemente, el primer pensamiento es que esa incorporación contraría a la inmunidad. Ese «tráfico de células» podría representar una «nueva causa de enfermedad» para las madres, escribe Diana Bianchi en el 2000, señalando que incluso los embarazos interrumpidos conllevan la transmisión de células fetales: «hasta 500.000 células» después de un aborto durante el primer semestre, precisa[5]. Nos encontramos en ese momento en el apogeo de la hipótesis de la «malvada célula fetal», pero después del apogeo viene la duda, y luego el declive.

Seguir fracasando, fracasar mejor

Primero, la duda. Una vez más son los pacientes del grupo de control, las personas que se incluyen en los estudios como base de referencia, los que van a cuestionar ideas asumidas demasiado rápidamente. Como en ese momento los científicos están intentando demostrar el impacto negativo de las células masculinas, los grupos de control están formados por mujeres que gozan de buena salud y han estado embarazadas, al menos una vez, de un varón. Si la persistencia de células microquiméricas en los tejidos maternos es el origen de los problemas, entonces las mujeres sanas carecerán de ellas. Error: ellas también poseen células masculinas en sus órganos, a veces con frecuencias y concentraciones similares a las de aquellas aquejadas de enfermedades[6]. Según un estudio, al menos el 70 % de las mujeres del grupo de control presenta células masculinas en el hígado, igual que las enfermas de cirrosis biliar[77]. Se las consideraba raras y nefastas, pero esas células se muestran banales e inofensivas.

A continuación, el declive. En 2001, el equipo de Diana Bianchi, en Boston, se interesa por unas muestras de tiroides tomadas a mujeres con diferentes patologías: adenomas benignos, bocio, cáncer, la enfermedad autoinmune de Hashimoto…[8]. Entre ellas figura una mujer de 48 años, con buena salud, a la que se le ha extraído una parte de la tiroides a causa de una hipertrofia benigna. Para desenmascarar a las eventuales células masculinas, los investigadores se valen de sondas fluorescentes capaces de adherirse tanto a los cromosomas X, que se vuelven rojos, como a los cromosomas Y, que se vuelven verdes. Lo que viene después Diana lo cuenta mejor: «No lo voy a olvidar nunca. Mi colega me llama para que mire por el microscopio y veo una zona entera constelada de manchas verdes. ¡Una zona completamente masculina! Es la única vez en toda mi carrera que he sentido semejante escalofrío, tenía la sensación de que se me había erizado el pelo de la cabeza». Se buscaban células fetales ajenas, es decir, *a priori* diferentes, *a priori* dañinas, pero se revelan «morfológicamente indistinguibles y contiguas al tejido tiroideo femenino», puede leerse en el artículo: semejantes por completo a las demás células femeninas, perfectamente integradas en medio de ellas. Solo la fluorescencia utilizada como mecanismo para distinguir sus cromosomas masculinos permite identificarlas. Si este no-yo se parece al yo, hasta el punto de confundirse con él, ¿se le puede seguir acusando de todos los males? Por lo demás, la paciente, conocida a estas alturas por todos los especialistas en microquimerismo, no presentaba ninguna célula masculina en la sangre, lo que demuestra que buscar células microquiméricas solo con análisis de sangre no aclara más que una pequeña parte de la historia.

A modo de eco, en el otro extremo de Estados Unidos, otra paciente va a alborotar a la comunidad científica. Tiene 40 años, vive en Seattle y padece una hepatitis C de origen infeccioso. Como mucha otra gente, se ha contagiado por la inyección de drogas. Esta mujer ha vivido cinco embarazos con cuatro parejas diferentes: los dos primeros fueron interrumpidos, el tercero desembocó en el nacimiento de un chico y los dos últimos concluyeron con abortos naturales. Cuando los biólogos observan al microscopio las muestras de hígado, no pueden creérselo: también en este caso hay puntos verdes por todas partes, una nube de cromosomas Y[9]. Análisis genéticos más precisos mostrarán que esas células no proceden de su único hijo, ni tampoco coinciden con su pareja en ese momento, sino que corresponden, al menos en parte, al perfil de sus primeras parejas. Por consiguiente, es probable, suponen los investigadores, que esas células masculinas procedan de los dos primeros embarazos: abortos anteriores de hace diecisiete y diecinueve años. También en este caso, las células masculinas son «morfológicamente indistinguibles de las células femeninas». Parecen estar perfectamente integradas en el órgano. Para rematar el asunto, cuando la paciente decide dejar el tratamiento contra la hepatitis, la enfermedad se atenúa[10]. ¿Las células microquiméricas estarían ahí por algún motivo? ¿Sería posible que hubieran ido a echar una mano a las células huésped dañadas por el virus?

La duda cambia de campo. «El quimerismo era una fuente de temores, pero finalmente podría manifestarse como una fuente de esperanza», escriben en 2005 Sélim Aractingi y su «alumno más brillante», Kiarash Khosrotehrani. Como contrapeso, no está nada mal: esas células masculinas que «colonizan» a las madres, esos «intrusos» que atraviesan la frontera placentaria para «ocupar ilegalmente» nuevos territorios, podrían ya no dañar, sino ¡respaldar, regenerar, renovar los órganos! Hasta ahora, su presencia en todos los tejidos dañados nos empujaba a considerarlas como culpables. Era un poco como acusar a los bomberos de ser responsables de los incendios forestales porque, cada vez que se produce un fuego, están ahí… ¿Y si esas células fueran justamente las que luchan contra el fuego? ¿Cabe la posibilidad de que acudan a los tejidos enfermos como los bomberos atraídos por las llamas? Al fin y al cabo, los fenómenos de inflamación se parecen a fuegos sin llama: la temperatura aumenta localmente y se emiten todo tipo de moléculas químicas. Por más que nuestras células sean ciegas, están pertrechadas de sensores capaces de detectar las chispas subcutáneas. «Hoy, estoy convencido de que las células microquiméricas llegan a las zonas de inflamación en un segundo momento», afirma Sélim Aractingi, que dirige actualmente el laboratorio de biología cutánea del Hospital Cochin en París, al que volveremos más adelante.

Trabajadores sin papeles

Por ahora, al puzle le falta todavía una gran pieza: puede que esas células se parezcan a las de la tiroides o el hígado, ¿pero lo son realmente?, ¿se han transformado de verdad en células especializadas de esos órganos o solo tienen su apariencia? Intrigados por los sucesivos descubrimientos, varios equipos se lanzan inmediatamente al siguiente desafío: caracterizar con mayor precisión las células masculinas. Aparte de la mera presencia del cromosoma Y, ¿qué genes se activan en su núcleo?, ¿qué proteínas se producen? Lo que resulta fascinante de estas células es que, en función de su entorno, interpretan de manera diferente su partitura genética. Una célula del hígado no activa los mismos fragmentos de ADN que una célula de la tiroides o de la sangre. Así pues, no producen las mismas proteínas, lo que es tan lógico como acertado: no se pide lo mismo a una célula del hígado que a otra de la tiroides.

Y, a las células microquiméricas, ¿qué se les pide? Evidentemente, lo mismo que a nuestras células autóctonas: integrarse en la masa y seguir el pliego de condiciones del órgano en el que se encuentren. Ser trabajadoras como las demás, en definitiva. Eso es lo que demuestra el artículo[11] de Kiarash Khosrotehrani. Este joven investigador, que llegó a Francia procedente de Irán a los doce años, pasó, primero, su período de médico interno en el servicio de dermatología de Sélim Aractingi, para enlazar después con un máster de investigación en el laboratorio de Edgardo Carosella antes de volar a Boston para redactar una tesis en el equipo de Diana Bianchi. Retomando muestras extraídas para estudios anteriores, el médico prueba que las células fetales presentan las mismas proteínas que las células maternas junto a las que se instalan. El estudio demuestra asimismo que, cuando son extraídas de la sangre del cordón umbilical, es decir, procedentes directamente del bebé, las mismas células fetales no producen esas moléculas, lo que sugiere que adquieren esas competencias una vez establecidas en los diferentes tejidos maternos. «Cuando en 2001 fui a trabajar con Bianchi, estaba imbuido de la idea de que las células microquiméricas estaban asociadas a problemas de autoinmunidad. Se suponía que eran células inmunitarias, capaces de atacar a su huésped. Luego sobrevino la duda con las publicaciones sobre la tiroides y el hígado. A continuación se demuestra que, en realidad, las células están integradas en el tejido materno y no se trata solo de células inmunitarias, sino de todo tipo de células que participan en el esfuerzo colectivo», cuenta Kiarash Khosrotehrani, aún maravillado por esos descubrimientos, desde la Universidad de Queensland, en Australia, donde ahora dirige un laboratorio de dermatología experimental.

«Las células fetales han pasado de vagabundos sospechosos a inmigrantes productivos naturalizados —en el sentido político del término— en su nuevo hogar», analiza la socióloga Aryn Martin[12]. Seguimos manteniendo la idea del extranjero, pero su estatus cambia, su presencia se vuelve deseable. Conservamos la metáfora del cuerpo-nación, rodeado de una frontera, pero ahora se admite que la frontera es permeable y está bien que sea así. En cambio, lo que no varía es la propia expresión de «células fetales». La hallamos todavía hoy en la mayoría de las publicaciones sobre microquimerismo, como si esas células siguieran perteneciendo al feto, sin que importe ni el lugar donde se encuentren, ni el número de años transcurridos desde el embarazo. Sin embargo, esas células han tenido mucho tiempo para dividirse desde su migración y lo han hecho en un entorno muy diferente de su contexto original: ¿puede hablarse todavía de células fetales cuando no son más que descendientes lejanos? «Es un clásico de las representaciones conferir una personalidad y una voluntad no solo al feto, sino también a las propias células», apunta Aryn Martin, la primera en advertirme de la utilización de estas investigaciones por parte del movimiento provida, opuesto al aborto, muy presente en Estados Unidos. Para estos activistas, que consideran que la vida de un individuo comienza en el momento de la concepción, las células de un aborto mantendrían la voluntad de existir del niño y, en cierto modo, serían capaces de «comprender» el origen de su destrucción. Se hace palpable aquí hasta qué punto nuestra visión del mundo puede modelar las interpretaciones científicas; hasta qué punto proyectamos nuestras ideas en cuanto se trata de dar un sentido a nuestras observaciones. Una pendiente resbaladiza, pues el afán de confirmar nuestras convicciones se difumina con demasiada frecuencia bajo el deseo de comprender. Así, para los provida, las células de los abortos voluntarios atormentarían a las madres para siempre y desencadenarían todo tipo de enfermedades para castigarlas[13]. «¡Pero si las células jamás actúan intencionadamente! No son portadoras de la intención de las personas a las que pertenecen», subraya la investigadora, harta de esas interpretaciones recurrentes. Aparentemente, los trabajos de Aryn han influido en varios de los investigadores a los que entrevistó mientras hacía su tesis. En cierta ocasión, Lee Nelson me explicó, por ejemplo, que ya no habla de «células fetales», sino de células «de origen fetal», pues, por supuesto, proceden del feto, pero ya no forman parte de él. En cuanto a las especulaciones de los provida, «al contrario, cabe la posibilidad de que el microquimerismo favorezca interrupciones precoces del embarazo —me insinúa casi como una confidencia—. Está demostrado que un aborto al principio del embarazo provoca que en la mujer haya una cantidad más numerosa de células de origen fetal que un nacimiento a término completo. Además, las células del embarazo incipiente podrían tener un mayor potencial de regeneración». Si esas células persisten y reparan, ¿llegará el día en que se piense que el aborto podría constituir un potenciador de la juventud?

4

REGRESO AL FUTURO

> El futuro nos atormenta y el pasado nos encadena, por ese motivo se nos escapa el presente.
>
> Gustave Flaubert

Ya veo a mis lectores varones entristecerse. Como la evolución no os ha dotado de útero, no lleváis en vuestro seno a los hijos, así que no heredáis sus células. Lógicamente os sentís excluidos de todas estas historias, pero ¡no olvidéis que las células de los fetos que nosotras conservamos están formadas a medias con vuestros genes! En cualquier caso, no cerréis el libro: también a vosotros os afecta el microquimerismo. No es imprescindible ser madre para estar habitado por otros. Pues, aunque no todos hayamos pasado por un embarazo en nuestra vida, todos hemos pasado varios meses en el interior de un vientre. Ahora bien, en nuestra primera sala oscura, no solo nos dedicamos a enviar células al otro lado de la placenta, también recibimos las de nuestras madres: es un toma y daca. Todos, mujeres y hombres, somos microquiméricos.

El descubrimiento de la transmisión de células de la madre al feto es más reciente incluso que la del feto a la madre. No obstante, es sabido desde hace mucho tiempo que las moléculas pueden atravesar la placenta: el alcohol, las drogas, incluso el azul de metileno, utilizado como antiséptico, afectan, por ejemplo, al desarrollo de los bebés. Igualmente, los virus y las bacterias, de mayor tamaño, pueden ser transmitidos al feto y causar daños. «La gran mayoría de los microorganismos patógenos poseen la capacidad de atravesar la barrera placentaria y de provocar una infección intrauterina del feto», afirmaba ya en 1890 el ginecólogo alemán Franz von Winckel. A principios de los años sesenta, miles de bebés nacieron con malformaciones a causa de un medicamento, la talidomida, que se prescribía a las madres para aliviarles las náuseas vinculadas al embarazo. ¿La defensa de la compañía farmacéutica? No se sabía que las moléculas químicas pudieran traspasar la barrera placentaria[1]. Un argumento ampliamente repetido por la prensa e, incluso, por la literatura científica. Poco a poco, el escándalo se convirtió en descubrimiento: la talidomida nos habría hecho conscientes de que la placenta no es una «barrera protectora». En realidad, el drama estaba provocado, sobre todo, por fallos latentes en los mecanismos de autorización y de vigilancia de los medicamentos, en concreto, para las mujeres embarazadas. Hacía ya muchísimo tiempo que esa membrana había dejado de ser considerada como una frontera estanca, si es que alguna vez lo había sido.

Si las moléculas químicas y las células microbianas podían atravesar la placenta, ¿por qué no las células maternas? Es cierto que estas son mayores, pero, al fin y al cabo, las enormes células trofoblásticas encuentran fácilmente el camino en sentido inverso. La primera prueba[2] de trasmisión de células de la madre al feto se remonta tan solo a 1963. Dos médicos de Stanford, en California, realizan un extraño experimento. Extraen sangre a nueve mujeres embarazadas pocas horas antes del parto; le añaden un colorante fluorescente rápidamente absorbido en el interior de las células e inmediatamente vuelven a transfundirlo a las donantes a través de la arteria uterina. Entre veinte minutos y catorce horas más tarde, todas las mujeres han dado a luz. Los investigadores toman entonces una muestra de sangre de los bebés, sin pincharles directamente, sino a través del cordón umbilical lleno todavía de su sangre. En el microscopio aparecen puntos fluorescentes, que indican las células marcadas por el colorante, es decir, procedentes necesariamente de la madre, entre las cuales se distinguen tanto glóbulos rojos como glóbulos blancos. «Semejante quimerismo implicaría que algunos individuos no están enteramente compuestos de células surgidas de la unión parental entre el espermatozoide y el óvulo, sino que poseen también células de origen materno», puede leerse en su artículo, publicado en la revista *Blood*. Los dos investigadores se asombran también al ver brillar, en uno de los cordones umbilicales, las famosas células trofoblásticas fetales de varios núcleos, las mismas que, un siglo antes, habían permitido a Georg Schmorl sospechar el paso de células del feto hacia la madre. «Necesariamente hay que pensar que esas células han atravesado la placenta en los dos sentidos, puesto que, con toda probabilidad, solo pueden haberse vuelto fluorescentes en la muestra de sangre materna extraída y marcada *in vitro*», consideran los científicos, que empiezan ya a preguntarse por las implicaciones de esas células maternas en términos de enfermedades.

Bajo la luz de las farolas

En efecto, una vez más, esas células de origen materno, de picos pardos por la sangre fetal, se consideraron de entrada una fuente de problemas. Inmediatamente se pensó que podrían perjudicar al bebé. Apenas se las ha descubierto y ya hay casos clínicos que las mencionan como posibles causantes de dramas. En 1965, un niño de un año llega a un hospital de Míchigan en condiciones pésimas: infecciones múltiples, irritaciones cutáneas severas y crecimiento detenido a los tres meses. Los médicos realizan diferentes análisis y descubren en la sangre y en los ganglios linfáticos células inmunitarias provistas de dos cromosomas XX, células femeninas, probablemente de origen materno, suponen entonces los médicos[3]. Surgen dos hipótesis: o bien este «injerto» de «células foráneas» ha prendido porque el sistema inmunitario del niño no funcionaba, o bien las propias células maternas habrían destruido el sistema inmunitario del niño. Para la mayoría de los expertos de esa época, impregnados del dogma inmunológico del yo contra el no-yo, solo un proceso patológico parecía susceptible de explicar la persistencia de las células maternas.

Como en un espejo invertido del microquimerismo de origen fetal, los médicos se ponen a buscar células femeninas en chicos enfermos. Aparece un problema: ¿cómo buscar células XX en un océano de células XY? Encontrar un cromosoma Y perdido en medio de los cromosomas femeninos X era factible, pero los hombres también poseen un cromosoma X; por consiguiente, es necesario encontrar otro enfoque. En un primer momento, la táctica consiste en examinar cada núcleo celular para comprobar si contiene uno o dos cromosomas X, lo que supone un trabajo titánico. Más tarde, a finales de los años noventa, se desarrollarán otros métodos, especialmente a través de los marcadores HLA, independientes del sexo de la persona. Mientras tanto, los investigadores analizan las células provistas de dos cromosomas X en niños severamente inmunodeprimidos o aquejados de enfermedades autoinmunes, hasta varios años después de su nacimiento[4]. Incluso se descubre con estupor que también células maternas tumorales pueden atravesar la placenta e injertarse en el feto, ¡provocando un cáncer neonatal![5]. La culpabilidad materna, alimentada por un siglo de teorías freudianas y acrecentada por las historias de contaminación medicamentosa durante el embarazo, se agrava con una nueva carga: al legar nuestras células a los bebés, les inoculamos nuestras peores taras…

En realidad, una vez más se aplica aquí el teorema de la farola. Su luz macilenta no ilumina más que una parte de la historia: la parte sombría, la que corresponde a las ideas dominantes de la inmunología de la época. Y es que, cuanto más avanzan las investigaciones, más se impone la evidencia: las células maternas no se hallan solo en los recién nacidos enfermos, están en todas partes, en todos los cordones umbilicales[6]. En todos los bebés, incluidos los que están más sanos que una manzana. Para evitar un cambio radical en el dogma inmunitario, se supone entonces que se trata de un fenómeno transitorio, vinculado al embarazo o al parto; más tarde, se justifica, el sistema inmunitario de los niños sanos acaba eliminando ese no-yo. Error, una vez más.

A la sombra de las farolas

Por fin, en 1999, el equipo de Lee Nelson desplaza el foco a los niños y los adultos sanos[7]. El equipo busca esta vez los marcadores HLA maternos en el seno de treinta y dos familias. Estupor: más de la mitad de los individuos analizados conservan células maternas en la sangre, ¡pasados incluso los 40 años! «Parece absurdo, pero ¡a nadie se le había ocurrido todavía comprobar si esas células se mantenían en niños y adultos sanos! —se extraña aún hoy Lee—. Antes de este estudio, tenía tanto miedo de que me tomaran por loca por la hipótesis de las células maternas persistentes que, al principio, lo puse en una nota a pie de página. Con todo, sabíamos desde hacía algunos años que las células de origen fetal perduraban toda la vida en las madres, incluidas las madres sanas. Entonces, ¿por qué no las células maternas? Sin duda, la idea de conservar las células de nuestras madres nos gusta menos…». No obstante, habrá que irse acostumbrando: según datos recientes, es probable que todos llevemos células de origen materno en nosotros, a veces en nuestras venas, pero más frecuentemente disimuladas en los repliegues de nuestro organismo. Pues, al igual que las células fetales, las de origen materno pueden instalarse en el interior de nuestros órganos, fundirse en la masa, incorporarse a nosotros. Y perdurar así.

«¿Piensa que su madre está siempre encima de usted? Pues bien podría llevarla *dentro*», escribe en 2003 la pediatra y genetista Judith Hall a raíz de un nuevo artículo del equipo de Diana Bianchi, en el que se demuestra la capacidad de las células maternas de introducirse en el timo, la tiroides, el hígado, la piel e, incluso, en el bazo de recién nacidos, fallecidos algunos días después de su nacimiento. Unos días más tarde, el equipo de Lee Nelson las encuentra en el interior del corazón de cuatro bebés muertos de lupus neonatal, una enfermedad rara y todavía poco conocida, que se expresa generalmente *in utero*[8]. Estas células microquiméricas constituyen hasta el 2,2 % de todas las células de las muestras tomadas. ¿Es posible que, al instalarse tan masivamente en el corazón de los bebés, esas células alóctonas se conviertan en la diana de su sistema inmunitario provocando, así, el lupus, una enfermedad autoinmune?, se plantean los autores. Se deja ver la hipótesis de partida de Lee, según la cual ciertas enfermedades autoinmunes no estarían dirigidas, en realidad, contra uno mismo, sino contra esas células microquiméricas. Sin embargo, ciertos detalles no encajan con esa hipótesis. En primer lugar, dos de los cuatro bebés control, fallecidos por otra causa, tienen también esas células en el corazón. Pero, sobre todo, los investigadores se dan cuenta de que el 80 % de las células microquiméricas presentan las mismas proteínas que las demás células cardíacas: no son células inmunitarias batallando contra las células del bebé, son células del corazón, capaces de luchar al unísono con sus vecinas. Con una única diferencia: su núcleo contiene el ADN de las madres y no el de los recién nacidos. ¿No os resulta familiar? Un año antes, el mismo equipo observó el fenómeno inverso: células de origen fetal se habían convertido en células de la tiroides y del hígado en la madre. ¿Cabría también en este caso la posibilidad de que las células maternas acudan como refuerzo a los órganos del feto, en un intento no de atacar, sino de cooperar? Los autores aventuran entonces esta interpretación alternativa: «El reclutamiento de células maternas podría ser un acontecimiento secundario en el proceso patógeno, una tentativa subsiguiente de regenerar el músculo cardíaco dañado».

La hipótesis resulta tremendamente atractiva: se acabó la culpabilidad materna; nuestras células están colaborando aquí para ayudar a nuestros bebés, para sostener sus células exhaustas, para hacer que siga latiendo su corazón arruinado por la enfermedad. ¡Qué bonita historia! Pero, por ahora, no es más que una historia. Una historia como tantas, imaginada por un puñado de investigadores, mayoritariamente mujeres. En el ámbito científico, más bien masculino, algunos colegas la ven como una fantasía de sus compañeras, una proyección de sus aspiraciones, susceptible de sesgar sus interpretaciones científicas. No obstante, cuatro años más tarde, Lee insiste y, esta vez, en un marco de colaboración que implica a trece integrantes, cinco de ellos, varones[9]. El equipo se ocupa de la diabetes de tipo 1, una enfermedad autoinmune que se desencadena generalmente a edad temprana y destruye las células del páncreas, productoras de insulina. La primera parte del estudio comprende a 172 individuos, de los cuales 94 son diabéticos, con una edad que oscila entre los 2 y los 25 años, sin que importe su sexo, puesto que el estudio busca en este caso los marcadores HLA específicos de la madre y no ya simples células femeninas. La primera conclusión no supone ninguna novedad: encuentran más células maternas en la sangre de los jóvenes enfermos que en la del grupo de control. Los investigadores hacen, a continuación, la autopsia de cuatro páncreas, uno de los cuales pertenecía a un chico de 11 años muerto a causa de la diabetes. Ahora bien, en esta muestra descubren decenas de células maternas productoras de insulina. En otras palabras, ¡estaban proporcionando al niño esta hormona esencial cuando su propio páncreas ya era incapaz de producirla por sí mismo!

Como en el estudio anterior, los investigadores encuentran también células maternas funcionales, aunque en menor medida, en el páncreas de tres niños control, muertos por otra causa diferente a la diabetes. Por último, no se observó ninguna huella de reacción inmunitaria respecto a las células alóctonas: parecen ser aceptadas entre las células huésped como si estuvieran en su casa. «El microquimerismo materno contribuye de manera constitutiva en ciertas funciones celulares en la descendencia de una madre», concluyen los autores, que van aún más lejos, más allá, sin duda, de lo que sus resultados demuestran: cuando la prole está en peligro, esas células «participan muy probablemente en los esfuerzos por restaurar la función y regenerar los tejidos enfermos». Es cierto que se han encontrado células maternas funcionales en un órgano destruido, pero, desgraciadamente, ese microquimerismo no ha salvado al niño... Da igual. Hay quien empieza ya a soñar con células microquiméricas como botiquines de primeros auxilios de patrulla por nuestros órganos, listos para ayudarlos a la menor ocasión. Herencia invisible que tiene la ventaja de mandar a las calendas griegas la tenaz culpabilidad materna.

«Hay que admitir que, en ese momento, no eran más que paralelismos. Todavía nos faltaban estudios funcionales, lo que se nos reprochó duramente», recuerda Nathalie Lambert, coautora del estudio. Después de haber pasado seis años, de 1997 a 2003, en el laboratorio de Lee Nelson, quiso regresar a Francia y continuar con sus investigaciones sobre el microquimerismo. «Pero durante las pruebas para ponerme al frente de una investigación, se me dijo que el tema era demasiado innovador, que no teníamos suficiente perspectiva. Cuando estás intentando volver a tu propio país, resulta de lo más frustrante oír esto de primeras». No contaron con su legendaria determinación. En efecto, está trabajando en un laboratorio marsellés, llamado «Inmunogénetica de la poliartritis reumatoide», donde puede continuar con su pasión. En concreto, estudia el vínculo entre esta enfermedad y el microquimerismo, centrándose de nuevo en el embarazo, «un momento único en el que las células de origen materno y fetal se codean, ¡tres generaciones en un mismo cuerpo!». Ha observado, además, que las mujeres que, al comienzo del embarazo, tienen las mayores tasas sanguíneas de células de origen materno luego tienen tendencia a acoger menos células de origen fetal que las otras: «Como si hubiera una competición entre las quimeras del pasado y las del futuro».

5

EL OTRO EN UNO MISMO

> No hay excepción a las leyes de la naturaleza, hay excepciones a las leyes de los naturalistas.
>
> Geoffroy Saint-Hilaire

Marzo de 1953. Una mujer, cuyo nombre en clave es «Sra. McK», dona sangre en una clínica del norte de Inglaterra. Cuando los biólogos la mezclan con diferentes anticuerpos para determinar su grupo sanguíneo, piensan, en un primer momento, que se han equivocado: sus glóbulos rojos se manifiestan a la vez como del grupo O y del grupo A. Ahora bien, desde hace medio siglo, está demostrado: somos, bien O, bien A, bien B, bien AB, pero ¡jamás dos grupos al mismo tiempo! Repiten varias veces el estudio, pero la conclusión siempre es la misma: O y A a la vez. La muestra es enviada a Londres para profundizar en la investigación. Aterriza en las manos de Robert Race, especialista en grupos sanguíneos, que confirma el resultado. Un resultado desconcertante, aunque ya recogido una vez en la literatura científica diez años antes; en la prestigiosa revista *Sience,* un joven americano había informado de ese mismo fenómeno en… bovinos gemelos. «Aparentemente, las células sanguíneas son capaces de establecerse en la sangre de cogemelos —escribía Ray Owen en 1945[1]— y es probable que sigan produciendo células distintas de las del huésped a lo largo de toda su vida». Unos años más tarde, en un artículo premonitorio y ampliamente ignorado[2], Ray Owen formula la hipótesis de que esos intercambios de células podrían darse también entre la madre y el feto. Se le pregunta, entonces, a la Sra. McK si tiene hermanos gemelos. «Sí —responde asombrada—, tenía un hermano mellizo, pero murió cuando teníamos tres años…».

Los documentos de Robert Race revelan la emoción del investigador frente a un caso considerado «extraordinario», «que podría ser de una importancia insondable»[3]. En el caso de los bovinos, cuando los gemelos son de sexo opuesto, las hembras nacen generalmente intersexuales y son estériles. Los científicos las llaman «freemartin». Para los ganaderos, son «vacas-bueyes», nada que ver con la joven de 28 años, madre de un niño, provista «de una cantidad suficiente de curvas y turgencias como para atraer y casarse con un cónyuge», creen apropiado indicar los científicos (varones) que la examinan. Estos últimos toman otras muestras tanto a la paciente como a su familia y concluyen que las células de la Sra. McK son del grupo O y las de su hermano mellizo, fallecido, del grupo A. «¿No resulta extraordinario poder determinar el grupo sanguíneo de una persona muerta hace treinta años?», se admira Robert Race en una carta al biólogo Peter Medawar. Este gran estudioso del sistema inmunitario escribirá unos años más tarde: «No sabemos cuánto tiempo seguirá siendo una quimera la Sra. McK, pero lo lleva siendo desde hace veintiocho años; probablemente, con el paso tiempo, los glóbulos rojos de su hermano mellizo irán desapareciendo poco a poco y pagarán el saldo pendiente de su mortalidad»[4].

En el artículo del Dr. Race y sus colegas[5], publicado en el *British Medical Journal* en julio de 1953, aparece por vez primera el término de quimera. «Para darle un título que llamara la atención», justificará Race, y porque refleja bien la «yuxtaposición incongruente». Así, de la noche a la mañana, una mujer sana, que aparentemente no se distinguía en nada de las demás, se convierte en una criatura «incongruente» a los ojos de los científicos. Un monstruo por una única y sencilla razón: a su juicio, la Sra. McK viola las leyes de la naturaleza. En realidad, no se estaban violando las leyes de la naturaleza, sino las leyes que los propios científicos habían atribuido a la naturaleza, observa la socióloga Aryn Martin[6]: las leyes de la inmunología, según las cuales, una célula «foránea» no puede ser tolerada en un organismo funcional. Salvo, terminarán pronto por admitir, cuando las células se integran en el curso del desarrollo embrionario. En ese momento, el sistema inmunitario todavía no ha aprendido a discriminar el yo del no-yo. Puede que ni siquiera sepa quién es su yo. Es lo que se llama la tolerancia inmunitaria fetal: si una célula irrumpe lo suficientemente pronto en nuestro desarrollo, será aceptada como propia. Un yo ajeno, perfectamente interiorizado.

Monstruosidad ordinaria

Al elegir la palabra «quimera», Robert Race y sus colegas van a influir en decenas de investigadores que trabajan sobre esas células nómadas, induciéndolos a asociar su presencia con una anomalía perjudicial. Incluso medio siglo más tarde, cuando ya se haya descubierto que todos llevamos en nosotros células alógenas, se seguirá hablando de quimerismo, añadiendo el elemento «micro» cuando las concentraciones sean ínfimas, cual (micro)monstruosidad ordinaria alojada en cada uno de nosotros. Absolutamente todos los investigadores con los que me he entrevistado durante mis pesquisas han establecido el vínculo con el monstruo mitológico. Diana Bianchi tiene en su despacho hasta una reproducción de la estatua descubierta en 1553 en Arezzo, en la Toscana, que representa a Quimera con cara de león, una cabeza de cabra como injertada en la espalda y una serpiente en el extremo de la cola. En otro registro, este término críptico inspirará asimismo el alegato del abogado de una madre infanticida en la película *Saint Omer* de Alice Diop, estrenada en 2021: el quimerismo como fuente de locura para explicar un acto monstruoso.

Tras el descubrimiento de esa primera quimera humana, se recogen otros casos similares entre mellizos (el fenómeno es indetectable entre gemelos, ya que poseen el mismo ADN). Algunos, como la Sra. McK no han intercambiado más que las células sanguíneas. Aproximadamente el 8 % de los mellizos y el 21 % de los trillizos tienen células de sus compañeros uterinos en la sangre[7]. No obstante, al igual que en las células fetales o maternas, las de los mellizos también pueden incorporarse a otro sitio, en cualquiera de los órganos del cuerpo humano. Según el momento y el lugar en el que esas células se introduzcan en el organismo del mellizo *in utero,* pueden, por ejemplo, formar una pequeña porción de un riñón o, por el contrario, el 100 % de un órgano[8]. Casi siempre su presencia es invisible. Algunas veces participan en el iris y producen una heterocromía, una diferencia de color entre los dos ojos; o se integran en ciertas zonas de la piel y crean manchas de colores diferentes; a veces, las consecuencias son más complejas: esas células también pueden encontrarse en el seno de los órganos genitales y provocar desarrollos anormales cuando tienen cromosomas del sexo opuesto[9]. Volveremos sobre esta cuestión. En 2021, los nacimientos gemelares suponían, en Francia, un 1,5 % de los partos. A pesar de que esta tasa no cesa de crecer, en particular por el empleo cada vez más frecuente de técnicas de reproducción asistida y el aumento de la edad materna, a poca gente parece afectarle semejante nivel de intercambios celulares.

No obstante, en realidad no es necesario nacer con un gemelo para experimentar este tipo de quimerismo. Medio siglo después de la Sra. McK, otro «caso extraordinario» hizo que nuestras concepciones de la maternidad y de la transmisión dieran un vuelco. Karen Keegan tiene 52 años cuando sus médicos le comunican que tiene que plantearse un trasplante de riñón. Dado que tenemos dos riñones y que se puede vivir con uno solo, el método preferido de los especialistas consiste generalmente en extraer el órgano de un donante compatible vivo. En esos casos, se busca, en primer lugar, un posible donante dentro de la familia del paciente. Los médicos comienzan, así, a explorar a la madre, a los dos hermanos y a los tres hijos de Karen. Pero, mientras ella esperaba ansiosa los resultados, se produce una llamada telefónica extraordinaria, que no olvidará en su vida: «Sra. Keegan, tenemos que comunicarle una noticia insólita. Esto no nos ha sucedido nunca antes, pero dos de sus hijos no se corresponden con su ADN». Los análisis no dejan dudas: los tres hijos proceden del mismo padre, fallecido unos años antes; en cambio, solo uno de los hijos tiene los marcadores genéticos de la madre. Algunos médicos comienzan a dudar, a imaginar cadáveres en los armarios o intercambios de bebés en la maternidad. Sin embargo, Lynne Uhl, uno de los médicos del equipo, no tiene ninguna duda: «Era la madre de los tres niños, pero había que buscar más exhaustivamente una explicación a este descubrimiento»[10]. Entonces, los médicos examinan minuciosamente a Karen (la piel, el cabello, un fragmento de tiroides conservado tras una operación…) y descubren en algunas muestras dos poblaciones distintas de células: una perfectamente idéntica a sus células sanguíneas y a su «verdadero» hijo, y otra que posee marcadores genéticos que concuerdan con los encontrados en los otros dos hijos[11]. Dos identidades genéticas reunidas en un solo cuerpo, cosa a la que nos habían acostumbrado los mellizos, salvo que en este caso, a diferencia de la Sra. McK, Karen fue hija única al nacer. Nació de un embarazo único, según muestran los informes obstétricos. Entonces, ¿quién puede estar habitándola?

Mamá no ha nacido

Como detectives, los científicos se ponen a reunir las evidencias y enseguida se dan cuenta de que falta una: los informes médicos solo atestiguan la soledad *in utero* de Karen a partir de la primera ecografía. ¿Qué había antes? ¿Antes de ese primer vistazo a su intimidad? ¿No habría podido compartir el vientre materno con otro embrión, desaparecido antes de que los ultrasonidos de la ecografía se dieran una vuelta por allí? No solo es posible, sino mucho más frecuente de lo que se cree. Según algunos datos[12], entre el 10 % y el 30 % de los embarazos únicos empezarían, en realidad, con dos embriones. Estos últimos pueden fusionarse muy pronto durante su desarrollo o uno de los dos puede desaparecer unos días más tarde, legando sus células al superviviente. Se habla, entonces, de gemelos desaparecidos o gemelos fantasma. Para los médicos de Karen, esa es la única explicación posible a su sorprendente situación. «Debería haber tenido una hermana gemela —explica en 2003 uno de ellos[13]—. Los dos huevos originalmente fecundados eran chicas. Y, como esos óvulos fecundados se han fusionado en un estadio muy temprano del desarrollo, probablemente porque estuvieran cerca el uno del otro en el vientre de la madre o por razones que no comprendemos todavía, [Karen] se desarrolló con dos linajes celulares distintos». Hasta en el interior de sus óvulos: unos contienen su perfil genético, mientras que otros proceden de su gemela desaparecida. Así pues, según en qué óvulo se zambulla el espermatozoide, puede dar a luz tanto a sus hijos, como… ¡a sus sobrinos! «Sobrinos cuya madre, en realidad, nunca ha existido».

Este sorprendente descubrimiento presenta, al menos, una ventaja para Karen: puesto que ella es una mezcla de dos perfiles genéticos, las posibilidades de encontrar un donante compatible son ahora mayores. No obstante, su quimerismo plantea cuestiones que dan vértigo. Cuando dos identidades genéticas coexisten en proporciones importantes, ¿cuál representa el yo?, ¿la que circula mayoritariamente por nuestras venas?, ¿la que compone nuestro cerebro?, ¿la que se esconde en nuestros gametos? O bien, ¿habría que decir que esas personas tienen dos yo?, ¿tienen un «suplemento de ser»? «¿Cuántas almas tiene una quimera?», llegan a preguntarse algunos estudiosos[14]. ¿Cabe imaginar que este fenómeno desencadene una personalidad doble? Por su parte, Karen empieza a darle vueltas a su condición de madre: «¿Podrían pensar mis dos primeros hijos que yo no soy su verdadera madre? ¿Que han sido, en cierto modo, adoptados?», se pregunta[15]. Como si el ADN fuera no solo el soporte de la información genética, sino también el armazón del vínculo materno. Como si en esa hélice química se alojasen los vínculos que tejemos con otro.

Una causa de intersexualidad

En realidad, Karen Keegan no es la primera quimera de este tipo que se ha descrito, pero, antes de ella, solo habían llamado la atención los individuos que se habían fusionado con un embrión de sexo contrario, pues, en algunos, ese quimerismo es visible. Imaginemos, en efecto, que Karen hubiera comenzado su vida uterina no con una gemela, sino con un mellizo, un embrión masculino. Entonces, en su organismo en desarrollo y, en particular, en sus órganos reproductores, habría células provistas del cromosoma Y; se habrían manifestado los genes del cromosoma Y y, entre ellos, el gen llamado SRY, el arquitecto de los testículos. Así fue como una niña americana llegó a tener tejido ovárico, por una parte, y tejido testicular, por otra[16]. Su particularidad fue descubierta en 1962, cuando se sometió a una operación para reducir un clítoris superdesarrollado. Una operación controvertida por sus consecuencias potencialmente graves cuando la niña no sufría ningún problema de salud.

Los individuos portadores de ambigüedad sexual representan aproximadamente un 1,7 % de los nacimientos. Según una estimación, que habría que verificar, en torno al 10 % de estos podrían proceder de un quimerismo surgido de la fusión de dos embriones de sexo opuesto[17]. A menudo, la ambigüedad se detecta al nacer. De cincuenta casos registrados de quimeras femenino/masculino, veintiocho se han descubierto inmediatamente tras el parto a causa de malformaciones genitales[18]. Las demás se han detectado más adelante, ya sea durante la pubertad (con el desarrollo de glándulas mamarias en el caso de los chicos, por ejemplo), ya sea a causa de problemas de fertilidad, ya sea de casualidad, por ejemplo, al donar sangre. Algunos expertos consideran que las técnicas de fecundación *in vitro* hacen aumentar este fenómeno de fusión precoz a causa de las manipulaciones que suponen y porque, a menudo, se transfieren dos embriones al mismo tiempo. En otro orden, se ha sugerido asimismo que este tipo de quimerismo podría explicar algunos casos de disforia de género, es decir, que una persona no se identifique con su sexo biológico[19]. Si las células del sistema nervioso llevan cromosomas sexuales diferentes a las de los órganos genitales, puede producirse un desajuste entre el género sentido y el sexo biológico. No obstante, aquí entran en consideración otros elementos; de verificarse, esta hipótesis no sería sino un factor más entre otros.

El microquimerismo hace mentir al ADN

Unos años después de Karen, el mismo embrollo tiene lugar en el otro extremo de los Estados Unidos, en el estado de Washington, aunque allí las cosas estuvieron a punto de acabar mal. ¿Pudo deberse a que Lydia Fairchild no procediera del mismo medio social que Karen, a que su padre estuviera en prisión, a que sus hijos fueran mestizos? Tiene 26 años y acaba de pedir una ayuda social para el cuidado de sus dos hijos, a su cargo exclusivamente. Para conseguirla, debe someterse a una prueba de maternidad. Unas semanas más tarde la convocan los servicios sociales: usted no es la madre de sus hijos, oye que le recriminan. «Me eché a reír, pero inmediatamente me di cuenta de que iban muy en serio», contará más tarde[20]. «El ADN es 100 % infalible, no miente —le sueltan—, así que, ¿quién es usted?». Se la considera sospechosa, en primer lugar, de haber querido engañar a los servicios sociales inventándose unos hijos. Se abre una investigación: se averigua que vive realmente con sus hijos. ¿Los habría raptado? Lydia muestra fotos de cuando estaba embarazada.

Su madre, el padre de los niños e, incluso, su tocólogo dan fe: ¡dio a luz realmente! ¿Podría tratarse de un caso de vientre de alquiler y que la madre se hubiese quedado finalmente con los hijos? Después de tres audiencias ante el tribunal, Lydia se teme lo peor: «Cada día pensaba que era el último con mis hijos», cuenta entre lágrimas la joven, de nuevo embarazada, frente a la cámara. «Me puse en contacto con un montón de abogados, pero ninguno me creía. Era mi palabra contra el ADN, estaba sola contra todos». Puesto que está esperando su tercer hijo, el juez acuerda un nuevo test inmediatamente después del nacimiento. Y entonces sucede lo imposible: ese tercer hijo que acaba de salir de su vientre no es, sin embargo —en términos genéticos—, su hijo. Esta vez, un abogado acepta ayudarla. Para empezar, Alan Tindell le pregunta por su vida, su relación con sus hermanos y hermanas, su relación con el padre de sus hijos… «Dadas sus respuestas, finalmente decidí creerla», me explica el abogado. Da entonces con la publicación científica en la que se describe el caso de Karen y pide al equipo de Boston que examine a Lydia. En primer lugar, los investigadores analizan su sangre, pero, al igual que en el caso de Karen, no encuentran más que un único tipo celular. Continúan con células de la piel, del cabello, del interior de la mejilla: nada. Hasta que le realizan un frotis del cuello uterino, donde descubren células con un ADN diferente, compatible con el de los niños, en el que también se encuentran genes de la madre de Lydia. Un ADN procedente de una gemela desaparecida, afirman los investigadores. Lydia puede respirar tranquila, pero, ¿cuál habría sido el final de la historia sin Karen?

La ecuación mil veces aprendida «1 individuo = 1 genoma» no cubre todas las realidades. Lo que parecía una certeza inquebrantable mil veces formulada se revela como un conocimiento parcial, que ha de ser revisado. Sabemos demasiado poco de nuestra biología para elevar al rango de dogma la idea de que una huella de ADN pueda descubrirnos la identidad o el origen de una persona. *La* prueba por excelencia no lo es. Con todo, todavía la usamos a menudo para identificar a un familiar, probar o denunciar una paternidad, examinar solicitudes de reagrupamiento familiar o condenar a un presunto inocente. Una muestra que no logra confirmar un vínculo genético es contemplada inmediatamente como un fraude, analiza la filósofa danesa Margrit Shildrick, una de las pocas personas que se han dedicado a las consecuencias socio-legales del microquimerismo[21]. ¿Por qué algunos conocimientos científicos se apropian tan rápidamente de los ropajes de la evidencia? ¿Es que no se insiste lo suficiente en nuestra falta de conocimiento? Y, al contrario, ¿por qué otros ámbitos de conocimiento permanecen como anclados en la sombra del escepticismo cuando nuevos descubrimientos permiten disipar las dudas? La sociología de la ciencia tiene tarea para rato…

Es imposible saber cuántas situaciones semejantes a las de Karen y Lydia existen. La mayoría de las veces nadie repara en la presencia de esas células gemelares. Si Karen no hubiera necesitado un trasplante de riñón, si Lydia no hubiese solicitado ayuda a los servicios sociales, jamás se habrían enterado de que sus gametos estaban «ocupados» por células diferentes a las suyas. Tal vez, sus hijos o nietos habrían descubierto más adelante, al realizarse algún análisis, que aparentemente en su árbol genealógico faltaban ramas, que habían heredado genes que no portaban ninguno de sus padres. En la actualidad conocemos una decena de casos en los que está presente el quimerismo en los óvulos o los espermatozoides. Por ejemplo, el de un americano que somete a su hijo, nacido por reproducción asistida, a una prueba de paternidad y descubre que él no puede ser su padre. Decide entonces presentar una denuncia contra la clínica al considerar que es víctima de un error de manipulación de su esperma. Luego descubre, gracias a un análisis más preciso, que comparte un 25 % de su ADN con el bebé. En otras palabras, a los ojos de la genética, es tío del niño. Prosiguen las investigaciones y se descubre que un 10 % de sus espermatozoides contienen un ADN diferente al suyo: el de un hermano gemelo desaparecido *in utero*[22]. «Una de las consecuencias más notables de este estudio es remarcar que algunas pruebas de paternidad tradicionales que han dado resultados negativos (el padre analizado resulta excluido como padre biológico) pueden haber sido erróneas, pues es posible que el presunto padre tenga un quimerismo no diagnosticado», subrayan los autores. Dado el creciente empleo de este tipo de pruebas, es probable que otros padres hayan visto cuestionada injustamente su paternidad, un argumento escenificado en la serie *Nona et ses filles*[23], emitida en diciembre de 2021 en Arte, en la que la actriz Miou-Miou, embarazada a los 70 años, descubre por un test genético que su amante, André, no puede ser el padre del hijo que espera; finalmente se averiguará que uno de los testículos de André contiene espermatozoides de un hermano gemelo desaparecido. «Es decir, es mi sobrino..., pero es mi hijo», intenta desenmarañar el padre.

Cuando se mezcla la ficción

Linley Parker acababa de salir de su trabajo cuando fue agredida sexualmente por un hombre. Los policías encuentran al violador, al que Linley reconoce inmediatamente. Sin embargo, el ADN de su muestra bucal no corresponde al del esperma encontrado en la víctima, así que el hombre queda en libertad. Unos días más tarde, encuentran muerta a Linley. La policía científica analiza entonces un pelo recogido en la escena del crimen. Esta vez, se trata del ADN del sospechoso anterior. El hombre poseía dos ADN diferentes: uno en el interior de su mejilla y cabello, el otro en su semen. Uno de los dos procedía de un gemelo desaparecido. Este es el argumento de un episodio de la serie televisiva *CSI*[24]. Un argumento ficticio, sin duda, pero perfectamente plausible… Por otra parte, varios investigadores me han contado que la policía coreana se ha puesto en contacto con ellos para intentar resolver un misterioso caso de homicidio: se trata de una mujer llamada Kim, acusada de haber matado a su hija de tres años. El análisis del ADN indica que la niña sería en realidad de la madre de Kim, que se ocupaba de la cría habitualmente. ¿Habría la abuela dado a luz en secreto al mismo tiempo que Kim? ¿Habrían intercambiado luego los bebés? En ese caso, ¿qué habría sido del «verdadero» bebé de Kim? A no ser que células maternas quiméricas hayan elegido alojarse en los óvulos de Kim. El asunto todavía no se ha resuelto…

Más inaudito: ese tipo de quimerismo gemelar ha servido de coartada a un deportista acusado de dopaje. Tyler Hamilton acababa de conseguir la medalla de oro en la contrarreloj individual de los Juegos Olímpicos de Atenas en 2004 cuando dio positivo en un control antidopaje: se le encontraron en la sangre dos tipos diferentes de glóbulos rojos, la prueba, según los expertos, de que el ciclista americano se habría realizado una transfusión de sangre de un donante para aumentar artificialmente su nivel de glóbulos rojos y mejorar el transporte de oxígeno en su organismo. Tyler lo niega rotundamente y ofrece una explicación completamente diferente: las células sanguíneas encontradas en su sangre procederían de su gemelo desaparecido. La historia no aclara quién pudo soplarle semejante defensa. Lo que, en cambio, sí se sabe es que volverán a condenarlo por dopaje y terminará confesando la supercherία en 2011, detallando de paso el fraudulento sistema organizado en el seno del equipo de Lance Armstrong. En esta ocasión el quimerismo tuvo las espaldas anchas y una vez más se reveló propicio para dar rienda suelta a todo tipo de invenciones.

6

LOS OTROS YO

> Ningún individuo tiene sus fronteras exactamente ahí donde uno se las imaginaría.
>
> Éric Bapteste

Todos los meses, Chris Long acudía al laboratorio de la policía científica de Reno, ciudad pareja de Las Vegas, en el estado de Nevada. Dejaba un poco de sangre, una muestra de saliva, cabello, vello y unos mililitros de esperma. Y todos los meses, los análisis de ADN confirmaban una despoblación de sus células. En su lugar, surgía una firma genética diferente. Esa extraña sustitución empezó en su sangre y luego se extendió por el interior de sus mejillas, a su saliva. Un día, se manifestó en su semen (desprovisto de espermatozoides, pues el hombre se había hecho una vasectomía unos años antes). «Resulta bastante increíble que yo pueda desaparecer y que pueda aparecer otro», reaccionó sobriamente este informático americano cuando descubrió lo que le ocurría en 2019[1]. ¿El origen de su quimerismo? Un trasplante de médula ósea.

En 2014, detectaron a Chris leucemia aguda y se sometió a quimioterapia para eliminar las células cancerosas. En 2015, recibió una inyección de médula ósea tomada unos días antes de un donante compatible alemán. El objetivo: renovar su sangre con células sanas. Así pues, se esperaba, e incluso deseaba, que las células sanguíneas fueran sustituidas por las de su donante. Eso significa que el trasplante funciona. En cambio, no se esperaba tanto que las células de aquel joven alemán acabasen instalándose en otros lugares, hasta el líquido seminal de Chris y probablemente en más órganos todavía.

Si la extraña aventura de Chris pudo documentarse con tanta precisión, fue porque trabajaba en la comisaría de policía de Reno antes de caer enfermo. Cuando su compañera, a la cabeza del laboratorio científico, se enteró de que iba a recibir un trasplante, le propuso que se convirtiera en su cobaya. Como otros colegas, había descubierto con espanto un suceso que mostraba hasta qué punto un trasplante podía cuestionar la fiabilidad de las pruebas de ADN empleadas normalmente durante las investigaciones policiales. La historia se remonta a 2004. Ese año la policía científica de Alaska está investigando una agresión sexual. Tras recuperar algunas gotas de líquido seminal dejadas en la víctima, realiza el análisis genético y descubre que el ADN corresponde a un hombre ya registrado en su base de datos por haber cometido otras agresiones. Pero surge un problema: en el momento de los hechos, el hombre en cuestión ¡estaba ya entre rejas! Intrigada, la policía prosigue su investigación y descubre que el prisionero había recibido varios años antes un trasplante de médula ósea cuyo donante era su hermano. Esta vez el hermano era el culpable. El ADN había confundido las pistas: sin la coartada de la prisión, el hermano trasplantado probablemente habría sido inculpado y el violador habría quedado en libertad. Para ayudar a desenredar este tipo de líos, Chris aceptó ir cada mes a proporcionar diferentes muestras. Ahora las cosas están claras: cuando un protagonista ha recibido un trasplante, el riesgo de error de las pruebas de ADN es demasiado grande para utilizarlas como evidencias, pues los donantes anónimos podrían verse acusados de infracciones que no han cometido. Aunque estas situaciones sean excepcionales, reafirman la necesidad de relativizar la famosa «prueba de ADN». Bien sea para identificar a un progenitor o a un criminal, no debemos olvidar nunca que el microquimerismo puede mezclar las cartas del juego (y del yo).

Nómadas de expedición

Pero volvamos a nuestros trasplantes. Uno imagina ingenuamente que las células de los donantes se quedan prudentemente en el interior del órgano trasplantado, ya sea líquido, como la médula ósea, o sólido, como un riñón. Para nada. Es como si de manera sistemática tomaran las de Villadiego y se instalaran permanentemente en otros recovecos del nuevo organismo huésped. Exactamente igual que lo hacen las células de los fetos «trasplantados» en el vientre de las madres. De hecho, la comparación funciona a la perfección, pues los científicos han descubierto que también en este caso existe un doble intercambio celular. Las células de los beneficiarios de trasplantes no permanecen como meras espectadoras de los órganos trasplantados: también ellas van a visitarlos y se instalan en todo el medio de las células de los donantes. Igual que lo hacen las células maternas en el seno de los fetos. En resumen, desde el punto de vista del microquimerismo, todo ocurre como si el trasplante fuera un feto. O, como durante mucho tiempo han sugerido los inmunólogos, como si el feto fuera un trasplante: un trasplante natural; el único ejemplo biológico de trasplante tolerado.

Este «tráfico bidireccional» de células entre el injerto y el huésped fue demostrado por Thomas Starzl, el padre del trasplante moderno, a principios de los años noventa, es decir, justo antes de los descubrimientos de Diana Bianchi y Lee Nelson sobre el microquimerismo materno-fetal. La gran diferencia es que, para el cirujano americano, esa mezcla de células es considerada, sin duda alguna, como un elemento positivo. Sería la clave del mecanismo de tolerancia de los trasplantes, defiende ya en 1992[2]. Esas células viajeras serían una especie de «expedicionarias al servicio de la tolerancia», puede leerse en sus artículos[3]. ¿Cómo es posible que adoptara exactamente la opinión contraria a las primeras hipótesis de Lee Nelson, según las cuales las células quiméricas provocan enfermedades autoinmunes? ¿Es un indicador de la influencia del carácter de los investigadores en sus postulados, ya que Thomas Starzl, fallecido en 2017, era descrito con frecuencia por sus colegas como particularmente «optimista y entusiasta»? No parece creíble. Lee, seguidora de la filosofía budista, también es notablemente positiva. Es más probable que la experiencia vivida y el contexto del descubrimiento desempeñen un papel crucial. Lee Nelson abraza el microquimerismo para comprender las enfermedades autoinmunes, mientras que Thomas Starzl busca en él las claves para un trasplante exitoso. Así, aunque los dos investigadores estén observando en el mismo momento el mismo fenómeno biológico de intercambios celulares, una lo considera al principio una fuente de problemas, y el otro, de soluciones.

Son varias las ocasiones en las que este cirujano se ha encontrado pacientes que, a pesar de haber dejado el tratamiento inmunodepresor, no rechazaron, en cambio, el trasplante. Esos medicamentos, prescriptos de por vida, son normalmente indispensables para forzar al sistema inmunitario de los receptores a aceptar los elementos «foráneos» procedentes de los donantes. Lo malo es que esos tratamientos conllevan numerosos efectos secundarios y vuelven a las personas más vulnerables tanto a las infecciones como al cáncer. Por este motivo, puede ocurrir que, por razones médicas o simplemente porque no los soporten más, algunos pacientes dejen de tomar los inmunodepresores. La mayoría de las ocasiones sale mal: su sistema inmunitario se «despierta» y empieza a rechazar el trasplante. Pero en algunos pocos casos el parón pasa inadvertido y esos afortunados empiezan a vivir con normalidad, con el órgano ajeno perfectamente tolerado. Ese estado de tolerancia sin ayuda química es el Grial de cualquier especialista en trasplantes.

Examinando más de cerca estas situaciones *a priori* imposibles, Thomas Starzl y su equipo descubren los intercambios celulares entre el trasplante y el huésped. De este modo, localizan células de los donantes en la sangre, la piel, los ganglios linfáticos o, incluso, los pulmones de los receptores. A su vez, las células de los receptores son detectadas sistemáticamente en el interior de los órganos trasplantados, sobre todo en forma de nuevos vasos y capilares sanguíneos. Según los datos más recientes, las células del huésped constituyen hasta el 10 % de los órganos trasplantados unos años después de la operación[4]. En el caso de los animales, se observa una correlación entre la cantidad de células microquiméricas y el éxito de los trasplantes, indica en sus artículos Thomas Starzl, que se aparta de las costumbres más bien prudentes de los científicos para afirmar lo que todavía es una mera una intuición: «El microquimerismo se muestra como un requisito previo para la aceptación de alotrasplantes de órganos»[5]. Para este investigador mundialmente reconocido, esas células nómadas desencadenarían un mecanismo de tolerancia. De entrada, esta subversiva hipótesis fue recibida con escepticismo por sus colegas, pero estudios ulteriores parecen darle la razón:

estadísticamente, se observan menos episodios de rechazo entre los trasplantados que presentan células de su donante en la sangre que aquellos a los que no se les ha detectado ninguna huella de esas células[6]. Un poco como si esas pizcas de no-yo en movimiento pudieran advertir al sistema inmunitario de la inocuidad del trasplante.

Doble dosis materna

«Thomas Starzl estaba convencido de la necesidad de una cooperación mutua, de un intercambio de células, entre el trasplante y el huésped para que el tratamiento funcione —recuerda William Burlingham, especialista en inmunología de trasplantes—. Era un superadelantado a su tiempo». A este investigador americano también le interesan los pacientes que, a pesar de haber suspendido el tratamiento inmunodepresor, no rechazan el trasplante. Su caso índice, el que le va a hacer virar hacia el microquimerismo, es «JB». Con 16 años, este chico tiene los riñones deshechos por una enfermedad neurodegenerativa. Su madre se ofrece voluntaria para darle uno de sus riñones y, en 1987, un equipo del Hospital Universitario de Wisconsin realiza el trasplante. Es un éxito: el trasplante prende y el órgano de la madre se pone en marcha en el organismo del hijo. Dos años más tarde, sin advertírselo a los médicos, el joven deja de tomar los inmunodepresores. «¡Fue una absoluta irresponsabilidad!», afirma William. Por suerte para el paciente y para la continuación de nuestra historia, el trasplante no sufre ningún problema, cosa que intriga a los médicos que acuden a hablar con el investigador. Así comienzan los estudios sobre JB. En primer lugar, los investigadores encuentran células maternas, en una cantidad exigua, en su sangre y su piel. Luego, con experimentos *in vitro,* demuestran que esas células microquiméricas controlan la respuesta inmunitaria de JB. «Suprimían la reacción de rechazo frente a las células del trasplante sin apagar, en cambio, la respuesta inmunitaria del paciente hacia otros elementos foráneos», precisa el inmunólogo. La prueba, escriben los investigadores en un artículo publicado en 1995[7], de que ese microquimerismo no es una mera coincidencia: estaría inhibiendo específicamente la respuesta de rechazo a los injertos.

A la pregunta de saber de dónde vienen esas células maternas de paseo por la sangre y la piel de JB, los investigadores plantean tres posibilidades. Según la primera, que es la hipótesis propuesta por Thomas Starzl, procederían del propio trasplante de riñón. De acuerdo con la segunda, habrían podido establecerse en el paciente a consecuencia de las múltiples transfusiones de sangre materna recibidas antes de la operación; en efecto, varios estudios recogen la persistencia de células de donantes de sangre, incluso varios años después de la trasfusión, en pacientes con politraumatismo. La última posibilidad es que esas células podrían provenir de intercambios celulares *in utero,* cuando JB se encontrase en el vientre materno. Una pista considerada «poco probable» en aquel momento. «¡Qué error!», reconoce hoy William. Un año más tarde, Diana Bianchi publica su primer artículo sobre la persistencia del microquimerismo de origen fetal en la madre, en el que ya hace referencia a la hipótesis de Starzl, y se pregunta si «el embarazo humano puede beneficiar también un tráfico semejante [al observado en el caso de los trasplantes]»[8]. Luego, a Lee Nelson le llega el turno de demostrar el mismo fenómeno, pero a la inversa: la persistencia de células de origen materno en nuestro organismo. «En el fondo, da igual que esas células hayan sido adquiridas *in utero* o a través del trasplante, ambos tipos de microquimerismo pueden ejercer una poderosa acción —subraya William—. Cabe, incluso, la posibilidad de que, al sumarse las dos fuentes, el efecto sea aún más intenso».

A continuación, el investigador se interesó por los trasplantes entre hermanos. En 1998 demuestra que también en este caso las células maternas microquiméricas desempeñan un importante papel[9]. Recordemos las famosas gorras celulares con su combinación de motivos únicos —los marcadores HLA—, heredados, en parte, del padre y, en parte, de la madre. Todo depende aquí de qué motivos HLA lleven hermanos y hermanas. Supongamos que mi hermana haya heredado un motivo en forma de círculo de mi madre, mientras que yo haya recibido en el mismo lugar un cuadrado de mi padre. Dado que, en cualquier caso, en mi organismo tengo algunas células maternas como recuerdo de mi período *in utero,* puedo reconocer el círculo, pues ya lo he encontrado en mi propio organismo; así pues, debería aceptar más fácilmente las células de mi hermana. Por el contrario, si el donante es mi hermano y él ha heredado el cuadrado de mi padre, mientras que yo tengo el círculo de mi madre, voy a toparme de repente con un motivo, el cuadrado, con el que nunca he tenido contacto, por lo que, estadísticamente, hay más riesgos de rechazo.

Primeras aplicaciones

«El padre puede estar ahí al principio, pero después no cuenta ya mucho… —resume maliciosamente el investigador americano—. En cambio, la madre desencadena un proceso de microquimerismo durante el embarazo que puede ser útil en caso de un trasplante posterior». Por pocas que sean, las células maternas nos conforman para el resto de nuestra vida.

Una conformación que pasa generalmente desapercibida, pero que, en determinadas situaciones, puede modificar por completo la partida. Los trasplantes figuran entre esas situaciones. «Tal vez, si en cada caso examinásemos con más atención el microquimerismo, mejoraríamos el éxito de los trasplantes», dice William. Algunas clínicas ya utilizan células microquiméricas como indicadores de éxito de un trasplante, pero se podría ir más lejos estudiando tanto el microquimerismo de los donantes como de los receptores para privilegiar a los donantes familiares que hayan heredado motivos HLA maternos. O más ambicioso aún: algunas prácticas intentan provocar un microquimerismo de manera artificial, trasfundiendo células madre del donante al receptor con anterioridad al trasplante con el objetivo de promover una tolerancia mejor. En estos casos se habla de «quimerismo iatrogénico»: mediante un acto médico, se introduce un poco de otro en nuestras venas para tolerarlo luego mejor. Se amplía artificialmente el yo de los futuros pacientes mezclándolo en pequeñas dosis con un no-yo: se trata de la tolerancia mediante la integración. Varios equipos están trabajando concienzudamente en esta pista, no solo con animales, sino también con personas. «Los resultados son alentadores, sobre todo cuando los donantes y los receptores tienen perfiles HLA idénticos. En algunos casos, hemos logrado inducir una tolerancia absoluta, pero este tratamiento aún no funciona bien de manera sistemática», reconoce William.

«Este nuevo enfoque representa la primera aplicación potencial del microquimerismo en medicina», señala Michael Eikmans, del Centro Médico de la Universidad de Leiden, que participa en el proyecto internacional «Microquimerismo, salud humana y evolución». También él ha llegado al microquimerismo por los trasplantes y también él está convencido: «En el caso de los trasplantados, el microquimerismo desempeña un papel importante, aunque la cantidad de las células sea pequeña». No obstante, no lo es todo, ni mucho menos... El tipo de productos inmunodepresores empleados tiene, por ejemplo, un papel clave: algunos parecen anular el efecto del microquimerismo. En la actualidad, algunos investigadores están intentando crear un cóctel químico que imite las condiciones fetales provocando un regreso del sistema inmunitario a un estado inmaduro; en esas condiciones, la inyección de células del donante se asemejaría al microquimerismo de origen materno y luego podría desempeñar plenamente su papel de pacificador del sistema inmunitario con vistas a un trasplante posterior. Como las expedicionarias de la tolerancia de Thomas Starzl.

Aún muerto sigue matando

Puede suceder, sin embargo, que esas expedicionarias respondan mal. Tal es el caso de una joven que se sometió a un trasplante de riñón en 1983 en Francia[10]. Diecisiete años más tarde, se le manifiesta un cáncer de piel, lo que es bastante frecuente entre los pacientes con trasplantes: con los inmunodepresores, los daños en el ADN provocados por la radiación ultravioleta del sol se reparan peor. Pero, cuando el equipo de Edgardo Carosella bucea con sus herramientas de análisis en el tumor cutáneo, descubre células XY, es decir, masculinas: células específicas de la capa superficial de la piel, llamadas queratinocitos, portadoras de anomalías genéticas típicas de los tumores. Como esta mujer nunca había estado embarazada, los autores concluyen que «lo más probable» es que esas células procedan de su donante. «Me quedé muy impresionado por esas imágenes —recuerda Sélim Aractingi, que dirigió el estudio—. Teníamos células XY cancerosas, y también precancerosas, por toda la piel de la paciente. Esto significa que del riñón habían salido células, habían llegado a la piel, se habían transformado en queratinocitos y, luego, se habían vuelto cancerosas». En otras palabras, esa mujer estaba sufriendo el cáncer de su donante, fallecido unos años antes.

Más recientemente, otra mujer con un trasplante tuvo que enfrentarse a una situación similar[11]. A los nueve años de un trasplante de riñón recibido de un donante masculino fallecido, se le manifiesta un tumor, esta vez en el interior mismo del órgano. Se le retira quirúrgicamente el tumor, pero un cierto tiempo después se le encuentran metástasis en los huesos y el hígado. Una biopsia confirma que las metástasis proceden de las células cancerosas del riñón. La situación se hace preocupante. El equipo del Hospital de Bichat de París toma, entonces, una decisión sorprendente: suprimen el tratamiento inmunodepresor. Poco a poco, las células inmunitarias de la paciente, hasta entonces adormecidas por el tratamiento, se van despertando y se ponen a atacar a las células del donante. Tres meses más tarde el trasplante es rechazado, pero, al mismo tiempo que al trasplante, su sistema inmunitario ha atacado también a las células «expedicionarias» del donante y, en particular, ¡a las células metastásicas! Ocho meses después de haber dejado el tratamiento, tiene que someterse a diálisis de manera regular, ya que ha perdido el riñón, pero tampoco tiene ninguna célula cancerosa en el cuerpo. Se ha librado al mismo tiempo del quimerismo y del cáncer. «Cuando me preguntan si las células microquiméricas son ángeles o demonios, me acuerdo de estas pacientes —dice Edgardo Carosella—. El trasplante les era vital, pero algunas células de su donante se revelaron, al final, nefastas. Como bien sabe, los demonios son ángeles caídos. Nunca se puede predecir cómo va a responder una célula».

Al releer la palabra «metástasis» en el párrafo anterior, se me ocurre una extraña pregunta: ¿qué diferencia, en el fondo, una célula microquimérica de una célula cancerosa? Etimológicamente, «metástasis» significa cambio de lugar. Las células microquiméricas también pasan de un hogar primitivo a un hogar secundario. Para hacerlo, también se valen de la circulación sanguínea o linfática; también llevan marcadores genéticos diferentes de los del huésped; eluden, igualmente, el sistema inmunitario; por último, ambos tipos de células logran mezclarse en el seno de diferentes órganos, donde se renuevan a sí mismas. Las semejanzas son numerosas. A escala celular, parece que a las dos las mueve un único y mismo interés: propagarse, sobrevivir más allá de la vida del individuo del que han surgido. Y es que las células cancerosas también pueden transmitirse a otros individuos, a veces a través de la placenta, pero también, en algunos animales, mediante una especie de trasplante natural; por ejemplo, los diablos de Tasmania, marsupiales de dientes acerados, se transmiten células tumorales mordiéndose en el hocico. No obstante, hay dos elementos fundamentales que distinguen a las células microquiméricas de las células cancerosas. Estas últimas son muy inestables genéticamente: acumulan mutaciones en su ADN. Y, sobre todo, no respetan el pliego de condiciones de su nuevo huésped. En cambio, «las células microquiméricas siguen las reglas de su entorno: se transforman en células de la piel o del hígado en función del órgano en el que aterricen. Si no lo hicieran, serían atacadas, sin duda, por el sistema inmunitario», supone Amy Boddy. Cuando varias células de distinto origen trabajan juntas, abandonando su independencia, se habla de «desdarwinización», me explica Éric Bapteste, especialista en biología evolutiva en París, ya que ese comportamiento parece contradecir la teoría de la evolución formulada por Charles Darwin, que mide el éxito con el patrón de la supervivencia de un solo linaje. La mayoría de las observaciones sobre el microquimerismo descubren, sin embargo, células capaces de renunciar a su autonomía evolutiva en provecho del conjunto, en provecho de los organismos en los que se instalan. Al contrario que las células tumorales, las microquimeras se dejan regular por las señales procedentes de su nuevo medio. ¿Serían altruistas nuestras células viajeras? «No sé si se trata de altruismo —responde Éric Bapteste—. Es, más bien, una capacidad de adaptarse al sistema. En cualquier caso, es superintrigante».

7

LA SUMA DE LO QUE SOMOS

> Son muchos los que viven en nosotros;
> si pienso, si siento, ignoro
> quién es el que piensa, el que siente.
> Solo soy el lugar
> en el que se piensa, en el que se siente.
>
> Fernando Pessoa

Células de nuestros fetos. Células de nuestras madres. Células de nuestros gemelos, vivos o desaparecidos. Células surgidas de trasplantes, incluso de transfusiones de sangre. Eso supone ya mucha gente para un único y mismo cuerpo. Pero ni aun así salen las cuentas. Si no, ¿cómo explicar que más del 60 % de los fetos femeninos que nacen muertos y el 80 % de las niñas menores de dos años tienen células microquiméricas masculinas en el hígado?[1]. Esta publicación de un equipo francés en 2005 cayó como una pequeña bomba: existen claramente otras fuentes de microquimerismo. A menudo, cuanto más se avanza en ciencia, más se da cuenta uno de lo poquísimo que sabemos. Es la famosa «ignorancia docta» tan del gusto de Kant: «El conocimiento de nuestra ignorancia implica la ciencia y, al mismo tiempo, nos hace modestos, mientras que, al contrario, imaginar que se sabe halaga la vanidad». Reconocer nuestra ignorancia, mostrarla tan orgullosamente como nuestro conocimiento: esa sería una manera completamente novedosa y fascinante de hacer ciencia. También de divulgarla. Pero el hombre está hecho de tal modo que prefiere la comodidad de las ideas ya bien asentadas a las audaces hipótesis inseguras. El microquimerismo nos obliga a salir de esa zona de confort, a atrevernos a buscar respuestas en la sombra de la ciencia.

¿Con qué otras células podemos cruzarnos durante nuestra estancia *in utero?* Una cosa es segura: esas células han tenido que ser adquiridas necesariamente por nuestras madres antes, o durante, la gestación. Han pasado obligatoriamente por el organismo materno antes de atravesar la placenta. Primera posibilidad: podrían proceder de embarazos anteriores de nuestras madres. Dado que todos los fetos envían al organismo materno células que persisten durante decenios, teóricamente es posible que esas mismas células atraviesen de nuevo la placenta en sentido inverso y se instalen en el interior de nuevos embriones, como aves migratorias que regresan al mismo nido para reproducirse. De ese modo, portaríamos células de todos los fetos que nos hayan precedido en el vientre de nuestras madres, ya hayan culminado o no en el nacimiento de seres vivos. En mi caso, esto significaría que yo llevo células de mi hermana mayor, que salió un año antes del vientre en el que pasé mis nueve meses *in utero*. Así pues, los benjamines de grandes fratrías serían los más dotados en términos de diversidad celular.

Este microquimerismo procedente de los hermanos mayores se ha demostrado para el perro y el ratón[2]. En el caso del ser humano, solo un estudio ha logrado encontrar células masculinas portadoras de marcadores genéticos de los hermanos mayores en la sangre de niñas recién nacidas[3]. Pero hay un problema: los investigadores también han descubierto células masculinas en cuatro cordones umbilicales de seis bebés sin que haya ningún hermano mayor, ni historial de abortos espontáneos o voluntarios para la madre. Por supuesto, los autores también pensaron en la huella de los gemelos desaparecidos, pero aun recurriendo al límite mayor de la horquilla, según el cual un 30 % de nosotros comenzaría su vida uterina con un gemelo, e incluso considerando que el azar hubiese querido que esos gemelos fueran todos varones, esto solo podría haber afectado a dos bebés de cada seis, no más. También han pensado en la huella de los abortos espontáneos que pasan inadvertidos, pues se producen antes incluso de que la madre se dé cuenta de que está embarazada. La pérdida del feto se confunde en esos casos con reglas abundantes y a destiempo. Resulta complicado apreciar su frecuencia. Generalmente, se considera que entre un 10 % y un 20 % de los embarazos reconocidos clínicamente acaban en un aborto espontáneo durante las primeras veinte semanas de gestación[4], a las que se puede añadir un 10 % de abortos espontáneos por los embarazos no percibidos. No obstante, aunque se tomen en cuenta esas desapariciones tempranas de embriones, seguimos sin conseguir explicar cómo tantas niñas presentan, de bebés, células masculinas en su sangre.

Las células adquiridas durante los embarazos anteriores de nuestras madres no son suficientes para explicar todos estos testimonios. Segunda posibilidad: esas células microquiméricas podrían haber sido transmitidas a nuestras madres mucho antes, cuando ellas mismas se encontraban en el vientre de su propia madre. Podemos imaginar que hayan recuperado células de sus hermanos mayores, eventualmente de un gemelo desaparecido, cuando no eran más que un feto. Luego, una vez que esas mujeres se han convertido, a su vez, en madres, esas células habrían atravesado de nuevo la placenta para ovillarse en su bebé. Así pues, en ese escenario, nosotros tendríamos células de todas aquellas y todos aquellos que han precedido a nuestras madres en el vientre de nuestras abuelas. Mi madre, con tres hermanos mayores, puede haberme transmitido como mínimo tres fuentes diferentes de células masculinas, además de sus propias células. Pero tiene que quedar claro: hemos dejado de pisar la tierra firme de la ciencia. No son (por ahora) sino meras especulaciones. «A los microquimeristas les encanta plantear hipótesis», me había advertido Amy Boddy. En la introducción de este libro, mencioné una frase de Einstein: «La imaginación es más importante que el conocimiento». La cita continúa así: «El conocimiento es limitado mientras que la imaginación engloba el mundo entero, estimula el progreso, suscita la evolución». En el microquimerismo, el conocimiento está drásticamente limitado por las técnicas de detección: ¿cómo encontrar entre cien mil o un millón una célula procedente de un tío, o más complicado aún, de un tío fantasma, sabiendo que esas rarísimas células pueden ocultarse tanto en la sangre como en cualquier otro órgano? Es prácticamente imposible. Mientras tanto, atreverse a imaginar, no cerrar esa puerta a falta de pruebas permite mantener abiertas vías de investigación, estimular el estudio, incitar a nuevos experimentos. Y, a veces, eso da tremendas sorpresas.

Abuelas inmortales

«Era una tarea titánica. Nos ha llevado cientos de horas clasificar las células, pero lo hemos logrado». Nathalie Lambert quería dedicarse a la cría de caracoles, pero en 1997 su camino se cruzó, un poco por casualidad, con el de Lee Nelson, que le contagió el virus del microquimerismo. Luego, como para tantos otros, se ha convertido en su objeto favorito de investigación. No precisamente el que le permite obtener financiación, sino al que se dedica sin límites. Cuando estaba de *postdoc* con Lee Nelson en Seattle, desarrolló toda una panoplia de herramientas para detectar no ya células masculinas o femeninas en un cuerpo del sexo opuesto, sino los motivos específicos de las gorras HLA, que permiten identificar a qué organismo pertenecen las células cualquiera que sea el sexo. Gracias a esas herramientas resulta posible buscar células procedentes de una persona concreta «siempre y cuando tengamos una muestra de su ADN para determinar su combinación HLA», precisa Nathalie. Con ese innovador enfoque, su equipo ha confirmado la existencia de una enésima fuente de posible microquimerismo: nuestras abuelas[5].

De nuevo vuelve a aplicarse el mismo razonamiento que en el caso de los tíos: puesto que nuestras madres han heredado *in utero* células de su propia madre, teóricamente pueden transmitírnoslas mientras nos encontramos en su vientre. Nathalie realizó este estudio con veintiocho mujeres sanas, embarazadas por primera vez, sin historial de abortos, de trasplante o de transfusión y cuyas madres, todavía vivas, proporcionaron una muestra de ADN. En el parto, el equipo tomó una muestra de la sangre del cordón para buscar en los recién nacidos células microquiméricas en circulación. Cinco de ellos, es decir, el 18 % de los bebés analizados, poseían células con las mismas características exactas que sus abuelas. Células legadas a nuestras madres *in utero,* que luego han ido renovándose en uno u otro de sus órganos y que finalmente han atravesado la placenta para llegar a la circulación sanguínea de la nueva generación. Un billete para el tiovivo con una vuelta más de regalo.

Personalmente, yo nunca conocí a mi abuela; estaba en el lecho de muerte cuando mi madre le anunció que estaba embarazada. He heredado de ella mi segundo nombre de pila y, sin duda, también algunas células justo en el momento en el que las suyas estaban apagándose en su organismo. Una conmovedora ilusión me surge de golpe: camufladas en alguna parte de mis órganos, ¿podrían haberse multiplicado esas células a lo largo de treinta años antes de infiltrase de nuevo en el organismo de mis propios hijos? ¿Podrían sobrevivir cuatro generaciones? ¿Cuántas más aún? «¿Por qué no?», responde Nathalie al tiempo que me indica un estudio[6] recientemente publicado sobre ratones, que demuestra que un linaje de células inmunitarias ha sobrevivido como poco diez años, después de haber pasado por cincuenta y un organismos diferentes de ratones. El vértigo se apodera de mí: en términos humanos, cincuenta y una generaciones significan al menos mil años. En el año mil, es probable que mis antepasados maternos vivieran en el sur de España, en el califato de Córdoba, me informa internet. ¿Podría haber conservado aunque solo fueran unas pocas células surgidas de aquellos lejanos ancestros? Protegido en el seno de múltiples cuerpos, ¿podría haber sobrevivido su linaje celular a las guerras, a las migraciones, a las hambrunas, viajando de generación en generación a través del tiempo?

Sobre la utilidad de las hermanas pequeñas

Sigamos el consejo de Einstein: atrevámonos a imaginar. El embarazo toma ahora una nueva dimensión. A escala celular, se convierte en una promesa de vida eterna. O con mayor precisión, la promesa de un encadenamiento infinito de vidas en plural. «Sí, el microquimerismo nos indica que la muerte no es el fin absoluto»[7], admite la filósofa danesa Margrit Shildrick. Otros individuos pueden hacer que la biblioteca de nuestros genes sobreviva y transmitirla, a su vez, en una sucesión de alumbramientos. Desde Carl Sagan y Hubert Reeves, nos sabemos polvo de estrellas: los elementos químicos que nos componen proceden de estrellas muertas hace mucho tiempo. Ahora cabría la posibilidad de que algunas de nuestras células procedan también de antepasados comunes, muertos hace mucho tiempo. Claro que no estamos hablando de miles de millones de años, sino, más bien, de cientos, de algunos miles para los más soñadores. Da igual: algo nos vincula directamente con el pasado y con los demás. Somos innumerables e infinitos, lo que ya es mucho.

Mientras escribo estas líneas, me doy cuenta de que, ante esta locura de hipótesis, no todos somos iguales. Por una vez, la desigualdad va en detrimento de los hombres. En particular de los benjamines, auténticos callejones sin salida del microquimerismo. Me explico: los varones, al contrario que las mujeres, no pueden legar sus células a su prole; en cambio, pueden remontarse en el pasado transfiriendo sus células a su madre, que eventualmente podrá transferirlas más tarde a otro embrión. Para ellos, la única oportunidad de acceder a las siguientes generaciones es que ese nuevo embrión sea una hermanita. Si, a su vez, esta tiene hijos más adelante, podrá entonces transmitir sus células masculinas. Y, si en esa descendencia hay niñas, el proceso podría perpetuarse. Por consiguiente, para los hombres, los ríos de la eternidad pasan por las hermanas pequeñas. Pero que no se inquieten los benjamines, todavía no hemos agotado la imaginación de los microquimeristas. Otra hipótesis que circula discretamente os permitiría soslayar el derecho de primogenitura y acceder a ese confuso deseo de inmortalidad. Una nueva hipótesis que ni siquiera pasa por el cuerpo de las madres.

Esperar lo inesperado

«La cuestión de las posibles fuentes del microquimerismo me tiene muy inquieta», reconoce Mads Kamper-Jørgensen, que hace cinco años fundó el grupo de investigación «Microquimerismo y epidemiología» en la universidad de Copenhague. A final de la década del 2000, mientras trabajaba sobre la donación de sangre, se topa con las células microquiméricas. «Al principio pensé que se trataba de una contaminación, que esas células venían de los laboratorios donde se manipulan los productos sanguíneos, pero en seguida me di cuenta de que no era así. Estaban por todas partes. Mi temor era que pudieran transmitir enfermedades, sobre todo, células cancerosas a través del microquimerismo presente en la sangre de los donantes». Después de varios estudios contradictorios, una investigación realizada en Suecia con más de 350.000 pacientes transfundidos parece descartar ese riesgo[8]. No obstante, por precaución, la gran mayoría de los cánceres siguen siendo una contraindicación para la donación de sangre.

En 2015, Mads Kamper-Jørgensen realiza una investigación con 154 chicas, de edad comprendida entre 10 y 15 años. El resultado: 14 % de ellas tenía células masculinas en la sangre[9]. «No me lo esperaba de ningún modo. ¡Ninguna había estado embarazada!», reconoce. El estudio muestra que el nivel de positividad aumenta cuando las chicas tienen un hermano mayor o si su madre ha sufrido abortos o ha recibido transfusiones de sangre durante el embarazo: todo ello compatible con nuestras hipótesis anteriores. No obstante, esos factores explican menos de la mitad de los resultados positivos de microquimerismo masculino. Además, hay una observación que no encaja: conforme aumenta la edad de las chicas (13-15 años), aumentan las posibilidades de encontrar células masculinas en su sangre. Hasta ahora, las concentraciones de microquimerismo seguían, más bien, la tendencia de descender después del parto. ¿Cómo era posible que esas chicas se hicieran más y más microquiméricas según crecían? El artículo arriesga la increíble hipótesis… ¡de las relaciones sexuales! Según un estudio citado por los investigadores, el 36 % de las chicas danesas de 15 años declara haber tenido ya relaciones sexuales. De ahí el razonamiento de los investigadores: algunas podrían haber recibido células de sus parejas a través del semen durante relaciones sin protección, ya que el preservativo impide el paso de las células.

«Es una suposición que puede parecer rara. Por otra parte, hay que reconocer que hay muchísimas cosas raras en el microquimerismo…», admite Mads Kamper-Jørgensen. «No olvidemos que las células microquiméricas de las abuelas también eran una hipótesis considerada improbable hasta que Nathalie Lambert probó que existían», señala, a su vez, Amy Boddy. Entonces, vamos a dedicarle atención en serio, cosa que sorprendentemente todavía no han hecho los científicos. ¿Qué hay en las eyaculaciones masculinas? Espermatozoides, está claro. Pero cuesta imaginarse a esas células dividiéndose y sobreviviendo indefinidamente: en el fondo, no son sino mitades de células, que solo contienen un único lote de cromosomas de los dos que las células necesitan para funcionar. Eso es lo que les permite, después de la fecundación de un óvulo, formar un cigoto diploide, dotado de dos lotes de cromosomas, uno surgido del padre y el otro de la madre. Pero, ¡ojo!, no hay que limitar la eyaculación únicamente a los espermatozoides. Estos apenas representan entre el 2 % y el 3 % del líquido seminal. El resto lo constituyen proteínas, azúcares, hormonas y también otras células, en particular, células inmunitarias. Células que, por qué no, podrían poner pies en polvorosa una vez infiltradas en nuestro organismo. Por otra parte, ¿no podría considerarse la eyaculación como una especie de trasplante líquido temporal?

Según mis cálculos, en quince años de vida de pareja, una mujer fácilmente puede superar los mil trasplantes temporales de líquido seminal, lo que ofrece múltiples ocasiones a las células que en él se encuentran para aventurarse por alguno de los vasos sanguíneos o linfáticos que rodean la vagina y el útero. Cabe imaginar que esas viajeras vayan luego a alojarse en nuestros ganglios linfáticos, la médula ósea o, por qué no, en el corazón. Para que sobrevivieran varios años sería preciso, claro, que tuvieran características de las células madre. A partir de ahí, podrían iniciar una pequeña población que se renovaría a sí misma, una población de células masculinas que después podrían transmitirse a la siguiente generación en caso de embarazo. Queridos benjamines, esta sería la solución para legar vuestras células: ¡haced el amor!

Diversidad de interpretaciones

Este fascinante encuadre permitiría explicar una observación ya antigua: cuanto más expuesta está una mujer al esperma de su pareja, menos riesgo tiene de sufrir preeclampsia, una enfermedad del embarazo caracterizado por la hipertensión arterial y edemas graves[10]. Si cambia de pareja, pierde esa ventaja. En el caso de una donación de esperma, el riesgo de desarrollar preeclampsia es superior al de los embarazos naturales. Aparte de esta complicación del embarazo, otros estudios apuntan asimismo hacia una mejora de la fertilidad cuando la exposición al esperma de la pareja supera entre tres y seis meses de relaciones sexuales[11]. Esa exposición repetida al esperma podría favorecer, en realidad, el paso de células de la pareja al organismo de la mujer, con lo que se iniciaría un proceso de tolerancia respecto a los marcadores genéticos paternos. Volvemos, así, a las queridas «expedicionarias» de Thomas Starzl. Este proceso permitiría preparar el sistema inmunitario femenino para la irrupción de un eventual feto, portador de marcadores genéticos ya encontrados a través del esperma. Cuanto más me informo sobre esta hipótesis, más cuenta me doy de que mi reacción instintiva de clasificarla como una idea extravagante era errónea. Ya he pasado una tarde memorable con Nathalie Lambert imaginando los mejores protocolos de investigación que permitirían corroborar esta hipótesis con ratones. «Antes de poner en marcha el estudio, merece la pena invertir en una marca de preservativos —sugiere entre risas—. ¡Apuesto a que va a impulsar su venta!».

Según he podido comprobar en mi entorno, esta posible fuente de microquimerismo despierta la imaginación. Hay algunas mujeres, poco numerosas a decir verdad, que parecen encantadas de tener a «sus hombres dentro de sí», tal vez, incluso, en su corazón, para siempre. Hay otras, y son más numerosas de lo que se piensa, que han sufrido abusos sexuales y ven con horror la idea de conservar nada de esos hombres. Están las supremacistas que la consideran una nueva justificación a su fobia de una «contaminación» de las mujeres a través de las relaciones sexuales con hombres de color. Hay conservadoras que la utilizan para estigmatizar a las mujeres que mantienen múltiples relaciones sexuales. En resumen, de nuevo, los temores y los deseos de unas y otras terminan indefectiblemente retorciendo la ciencia para alimentar las chifladuras previas. La imaginación, tan apreciada por Einstein, tiene sus límites…

Cuando empecé a considerar seriamente esta hipótesis, me acordé de uno de los primeros artículos que me pusieron en la senda del microquimerismo, ya hace varios años. Esa publicación, firmada por Lee Nelson, revelaba que un 63 % de las mujeres tenían células masculinas en el cerebro[12]. El estudio, realizado a partir de 54 mujeres fallecidas, no permitía saber de dónde procedían esas células. Tampoco permitía saber si se trataba de neuronas o de otros tipos celulares que pueblan nuestro cerebro, pero indicaba claramente una cosa: las células microquiméricas pueden atravesar la barrera hematoencefálica y establecerse de manera duradera en el seno de nuestro sistema de gobierno central. Además, estudios con ratones sugieren que células de origen fetal pueden perfectamente transformarse en neuronas en el cerebro de la madre pocas semanas después del parto[13]. Otro estudio recientemente publicado, al que luego volveremos, revela que las células de origen materno también pueden introducirse en el cerebro de sus ratoncillos e influir en su actividad neuronal[14]. Así que, ¿por qué no las células procedentes de las parejas sexuales? La sugerencia de Nathalie adquiere ahora todo su sentido: para evitar encontrarse con la cabeza llena de células masculinas de diversos individuos, ¡protegeos! Por supuesto, podría objetarse, no son más que algunas células en medio de miles de millones de otras; quizá haya algunas neuronas, pero que «no pintan» nada, que se limitan a recibir un mensaje eléctrico por un lado y a transmitirlo por el otro. Es cierto: esas neuronas no se plantan ahí con la memoria y la manera de pensar de los seres de los que han surgido, pero no importa: dado el lugar que ocupan los varones en nuestras sociedades, la idea de que se apoltronen en nuestras cajas craneales no me hace ni pizca de gracia.

8

DESCIFRAMIENTO BABÉLICO

> Inevitablemente, la imaginación nos arrastra
> hacia mundos que jamás han existido.
> Pero, sin ella, no vamos a ninguna parte.
>
> Carl Sagan

Torres de Babel en versión celular. Eso es lo que somos. Torres erigidas sobre dos patas, pobladas por alteridades encontradas a lo largo de nuestra vida, desde la formación de nuestra primerísima célula hasta que se apagan las luces. Alteridades humanas y también no humanas, con los miles de millones de microorganismos que viven en nosotros. La torre de Babel, mito quimérico sin igual, símbolo del poder colectivo, pero también de la necesidad de un idioma común. Hasta ahora nos hemos centrado en los aspectos descriptivos del microquimerismo: ¿qué células nos habitan?, ¿de dónde vienen?, ¿cómo se instalan en nosotros? Eso fue lo esencial en los trabajos científicos hasta mediados de la década del 2000, pero ya ha pasado el momento de la descripción: ahora se trata de entender qué hacen las células. ¿Participan en la construcción y el funcionamiento de nuestros edificios corporales? ¿Desempeñan algún papel en este gran bazar babilónico que es nuestro cuerpo? ¿Comparten el mismo idioma que nuestras propias células?

Hace treinta años, los pioneros del microquimerismo se daban de bruces con el escepticismo de sus colegas, para quienes era impensable que células surgidas de una fecundación diferente pudieran conservarse en nuestro organismo. Hoy en día ya no es posible dudar de su persistencia. No obstante, un buen número de científicos sigue perplejo: ¿no resulta baladí estudiar unas pocas células perdidas en medio de cientos de miles de otras? La crítica es recurrente. Según Petra Arck, una inmunóloga alemana, autora de varias publicaciones importantes sobre el papel de las células de origen materno, el término «microquimerismo» no ayuda: «La gente se dice: "si es micro, no tiene importancia". Ahora bien, lo cierto es que ¡incluso en una cantidad mínima, esas células pueden tener una función clave!». El mismo parecer que sostiene la investigadora francesa Nathalie Lambert: «Dosis ínfimas pueden tener consecuencias drásticas. Nos hemos dado cuenta con los alteradores endocrinos; sucede lo mismo con el microquimerismo». Gracias a las nuevas herramientas biotecnológicas, que, entre otras cosas, permiten seguir y estudiar cada célula individualmente, por fin, se ha abierto una ventana a los sorprendentes destinos de nuestras microquimeras.

Mientras estaba haciendo la tesis en el laboratorio de Diana Bianchi en los primeros años de la década del 2000, Kiarash Khosrotehrani creó una quimera. Una de verdad: un ratón macho provisto de un gen de luciérnaga. Insertado artificialmente en su genoma gracias a técnicas de transgénesis, este gen permite rastrear el movimiento de las células gracias a su bioluminiscencia. Al aparear esos machos genéticamente modificados con hembras, era posible visualizar las células de los fetos que habían heredado ese gen paterno y encontrarlas en el interior de las hembras gracias a una especie de cámara oscura que permite detectar niveles muy débiles de luminiscencia. Kiarash Khosrotehrani se pasó así horas y horas acechando los pocos y minúsculos fantasmas fosforescentes que se aventuraban más allá de la placenta. Un auténtico trabajo de doctorando, pesado y repetitivo, pero que mereció la pena: por primera vez se iluminaban, en tiempo real, los viajes de las células fetales. Un espectáculo cautivador.

En 2005 toma forma una primera cartografía dinámica[1]. Las viajeras parecen sentir una particular afinidad por los pulmones, «lo que podría explicar la ligera tos de las mujeres embarazadas», advierte Edgardo Carosella. Recordemos que justo fue en los pulmones donde Georg Schmorl descubrió, por vez primera, la existencia de las escapadas celulares hace más de cien años. Aparte de los pulmones, esas intrépidas se introducen por todas partes, en todos los órganos de las madres gestantes: el corazón, los riñones, el bazo, la médula ósea, la sangre, el cerebro... No hay órgano que no sea visitado. El número de las manchas verdes aumenta hasta el momento del parto, luego disminuye durante las semanas siguientes. En algunas hembras es posible seguir detectándolas hasta tres meses más tarde.

Cicatrizar las heridas

Una mañana, Kiarash Khosrotehrani coloca a una de las hembras preñadas en la cámara oscura y se dispone a dejarse las pestañas en la pantalla de ordenador en busca de una minúscula señal aislada. Estupor: una voluminosa mancha fluorescente situada a la altura de la cabeza de la hembra destaca en la pantalla. El joven investigador saca inmediatamente al animal para observarlo a simple vista y descubre una herida bastante profunda por encima del párpado: durante la noche se había rascado hasta hacerse sangre. Llama de inmediato a su directora de tesis, Diana Bianchi, que no ve más que una explicación: las células fetales se han concentrado ahí, atraídas por la lesión. Las heridas crean humedad, lo que puede aumentar artificialmente el reflejo de la luz, de modo que el investigador reproduce el experimento provocando heridas en las orejas de las hembras gestantes y controlando mejor la bioluminiscencia. El increíble resultado se repite: los puntos luminosos convergen hacia la herida, como estrellas fugaces atraídas por un astro. «Era realmente fascinante», confiesa Kiarash. Por un simple rasguño, una ratona encaminó a este investigador, al que en seguida se unieron otros, por una senda que ya no abandonaría: la de las células fetales regeneradoras.

Hoy en día es una de las actuaciones mejor documentadas de las células microquiméricas, en concreto, de las de origen fetal. En las heridas cutáneas del roedor, esas células se transforman en vasos sanguíneos y, al colaborar en su vascularización, facilitan la cicatrización. Por supuesto, no son las únicas que actúan e, incluso, son minoritarias: representan menos del 0,2 % de las células presentes en las heridas[2]. Con todo, si se hace el mismo experimento con hembras de ratón que jamás hayan albergado fetos, es decir, desprovistas de esas células, la llaga se repara más lentamente y peor[3]. Aunque escasas, estas células desempeñan un papel clave. El mismo fenómeno podría producirse en el ser humano: por ejemplo, Keelin O'Donoghue, investigadora de la University College Cork de Irlanda, ha descubierto cantidades importantes de células microquiméricas «de origen fetal probablemente» en el interior de las cicatrices de cesárea[4] (el estudio solo buscaba el cromosoma Y de las células masculinas, pero se supone que también habría células microquiméricas femeninas). Algunas de esas células presentan las mismas proteínas que las células cutáneas. Es decir, aparte de la formación de vasos sanguíneos, esas células microquiméricas también son capaces de reparar directamente la herida recomponiendo la piel. «Este fenómeno de regeneración de lesiones cutáneas lo he visto trabajando con Diana Bianchi en Boston, con Sélim Aractingi en París y ahora, de nuevo, aquí, en mi laboratorio de la Universidad de Queensland. Me lo creo a pie juntillas», afirma en la actualidad Kiarash. Por otra parte, estudios recientes indican que la piel no es el único órgano que se beneficia de semejante refuerzo del microquimerismo.

Reparar los corazones rotos

En los vídeos están latiendo células de un verde fosforescente: células cardiacas tomadas unos minutos antes del corazón de las hembras de ratón gestantes; verdes porque proceden… de su feto. Me he pasado mis buenos minutos admirándolas, observando por vez primera con mis propios ojos el microquimerismo en acción; imaginando que, tal vez, algunas células procedentes de mis hijos estén latiendo ahora mismo en mi corazón. «Fue un descubrimiento impresionante donde los haya», confiesa Hina Chaudhry, la científica que está detrás de esos vídeos[5]. Médica en el Hospital Monte Sinaí de Nueva York, se cayó en la marmita del microquimerismo de casualidad, «de pura chiripa». Era 2004, en la unidad de cardiología su camino se cruza con el de dos pacientes aquejadas de una miocardiopatía periparto, es decir, desarrollada durante o justo después del embarazo. «En pocos meses habían recuperado un corazón como si fuera nuevo cuando la gravedad de los daños me hacía temer lo peor». Se entera de que es un fenómeno conocido, pero todavía sin explicar: estadísticamente, las mujeres embarazadas se recuperan mejor que las demás de los accidentes cardíacos. Por otra parte, en general, las mujeres padecen menos enfermedades del corazón que los hombres. Hina quiso comprender por qué.

Ocho años más tarde, tras perder buena parte del tiempo convenciendo a colegas y buscando financiación, consigue reproducir accidentes cardíacos en hembras de ratón preñadas sin poner en peligro ni su vida ni la del feto. La paciencia da sus frutos: sus vídeos son un paseo por el pequeño mundo del microquimerismo e incluso más allá[6]. Su equipo descubre que alrededor del 40 % de las células bioluminiscentes fetales proceden directamente de la placenta —las famosas células trofoblásticas con marcadores específicos— y el resto han surgido del propio embrión. En el corazón materno, van a alojarse específicamente en las zonas dañadas, donde se transforman en cardiomiocitos funcionales o bien en vasos sanguíneos. Las burlas y las dudas se esfuman; le llega una cuantiosa financiación. En 2019, la especialista realiza un nuevo estudio sorprendente: tras inyectar un millón de células fetales en la circulación sanguínea de ratones macho, les provoca un ataque cardíaco. De nuevo, las células se dirigen hacia las partes dañadas del corazón y se dedican a repararlas[7]. «Es la primera vez que se muestra que las células fetales pueden reparar a otro individuo distinto de la madre que las porta. ¡Estas células pueden actuar en cualquiera!», se entusiasma la cardióloga, que ahora quiere estudiar el fenómeno en primates. Esta vez no deberían faltar los patrocinadores: no se trata ya únicamente de una facultad natural exclusiva de las madres con la que no hay demasiadas perspectivas de ganar dinero, sino de un posible tratamiento, también para los varones. Los que manejan los cuartos deberían sentirse por fin implicados. Ya no es solo un «asunto de mujeres».

El hombre que susurraba a las células fetales

Si las células microquiméricas pueden llegar con tanta precisión a las zonas lesionadas del cuerpo, es que existe alguna forma de comunicación entre nuestras células autóctonas y las demás. Un lenguaje común, como en la mítica torre de Babel. Un lenguaje inaudible para nuestros oídos, pero que algunos científicos están empezando a descifrar. «Este descubrimiento es el más emocionante de toda mi carrera de investigador», confiesa Sélim Aractingi. Con su equipo del Hospital Cochin de París, ha descubierto una particularidad en la superficie de las células fetales de ratón: una concentración inusualmente elevada de receptores de una molécula química denominada ligando 2 de quimiocina (CCL2). Si existiera un diccionario de bioquímica-francés, esta pequeña proteína, producida por las células de mamíferos (incluidos los humanos), podría ser traducida como «ay». Y es que la encontramos sistemáticamente manifestada en las heridas, a donde atrae a nuestras células, sobre todo las inmunitarias, que también están provistas de ese receptor específico. Hay una diferencia notable: el «oído» de las células fetales es mucho más fino que el de nuestras células de adultos. ¡Tienen cien veces más receptores de esta molécula CCL2! Por eso pueden «oír» la señal mucho más fácilmente, incluso al otro lado de la placenta, aunque las concentraciones sean bajas.

Para estar seguros, los investigadores depositaron una dosis infinitesimal de esa molécula en heridas cutáneas de hembras de ratón[8]. Cuando están preñadas y hasta seis meses después del parto, se pueden ver las células fetales bioluminiscentes atraídas hacia la lesión para repararla, como en experimentos anteriores. En el caso de las hembras vírgenes, no ocurre nada. A continuación, mediante manipulación genética, los investigadores «apagaron» el gen que codifica ese receptor en algunos fetos: sus células, como sordas a la señal, no vuelan ya en auxilio de la herida. Es decir, hacen falta células fetales provistas de ese receptor para que el mecanismo de reparación celular funcione. Fue la primera vez que unos investigadores lograron descifrar el lenguaje químico de nuestras células microquiméricas y reclutarlas para que ayudaran, en concreto, en la cicatrización. Mejor aún que Robert Redford: Sélim Aractingi susurra a las células fetales...

Queda por saber si ese susurro funciona igual de bien en humanos que en ratones. Es el próximo objetivo del investigador parisino, que ya ha registrado la patente para los futuros tratamientos que pudieran utilizar este medio de señalización. Ahora hay que comprobar que las células fetales humanas también posean oídos ultrasensibles a esta quimiocina. Si fuera así, y si la molécula no mostrara peligro en dosis bajas, se pasaría, a continuación, a la siguiente etapa: el ensayo clínico, «el Grial», dice Sélim, consciente de todas las dificultades, en particular administrativas, que lo aguardan. Sería preciso, entonces, verificar si la aportación de CCL2 puede atraer una cantidad suficiente de células de origen fetal para ayudar en la reparación de un tejido dañado. Y no solo la piel: su equipo ha demostrado la utilidad de este procedimiento para reparar ictus inducidos en ratones[9]. En un primer momento, esta terapia iría solo dirigida a mujeres que ya hayan estado embarazadas. «¡Y ya es mucho!», comenta Sélim. No obstante, de confirmarse los resultados de Hina Chaudhry, con el tiempo, cualquier adulto podría beneficiarse de ella mediante una inyección de células de origen fetal. En ese supuesto, ya no sería indispensable pasar por la casilla de embarazo, evitando de paso el riesgo ético de que hubiera mujeres que abortaran para disfrutar también de esa capacidad reparadora.

Los jóvenes reparan, los viejos instruyen

Volvamos a nuestra torre de Babel. Inevitablemente, con el paso de los años, se deteriora, de modo que los artesanos sustituyen los elementos estropeados por otros nuevos: cambian los peldaños de la escalera, una piedra rota, una viga rajada. En el caso del ser humano, las células de origen fetal participan en los trabajos de reconstrucción, aportan elementos nuevos para reparar el edificio. Pero ¿qué hacen las células adultas que recibimos durante nuestra vida fetal cuando el edificio está tomando forma? «El joven camina más rápido que el anciano, pero es el anciano el que conoce el camino», dice un proverbio africano. ¿Muestran las células ancianas el camino a las células fetales? ¿Pueden comunicarse con estas jóvenes células vírgenes? Se van acumulando las pruebas para afirmar que, efectivamente, las células maduras, sobre todo las de origen materno que recibimos *in utero,* desempeñan un papel relevante en nuestra organización babélica.

Cuando, tras dos decenios de investigación sobre el embarazo, a finales de los años noventa Petra Arck descubre el microquimerismo, su primera reacción muestra el clásico reflejo: «Lo primero que me pregunté fue por qué el sistema inmunitario no rechazaba esas células». Pero será la segunda pregunta la que finalmente se imponga y guíe sus futuros experimentos: ¿qué es de esas células?, ¿desempeñan algún papel en nuestra torre de Babel? Como la mayoría de los investigadores de este campo, empieza encontrando dificultades para lograr financiación, pero esos fiascos no la desaniman: está ya demasiado intrigada para abandonar. En 2010, recibe por fin su primera beca destinada al microquimerismo materno; pronto, sus resultados despiertan la admiración de los expertos. Aparecen citados en las revistas más prestigiosas y, poco después, los estudiantes van a congregarse en su laboratorio de Hamburgo, llamado el «Arck Lab».

En el verano de 2022, su equipo publicó una fascinante investigación sobre el papel de las células de origen materno en el desarrollo neuronal de los ratones[10]. En primer lugar, los científicos hicieron fluorescentes las células maternas para, a continuación, seguir su viaje hasta las cajas craneales de los fetos. En los vídeos se ven células brillantes, como agrupadas en pequeñas galaxias, en diferentes regiones cerebrales. Luego aislaron esas células para caracterizarlas: en su mayoría eran linfocitos B y T, células del sistema inmunitario; además, aparecían otras como la microglía, células apodadas las «limpiadoras» del cerebro, pues se ocupan, sobre todo, de eliminar los desechos celulares; había también otras, más escasas: neuronas. «Es llamativo lo incómodo que parecen los varones con la idea de albergar neuronas procedentes de su madre, mientras que las mujeres se muestran más a gusto con esta hipótesis», señala de paso Petra, que se divierte observando las reacciones de sus estudiantes al descubrir el fenómeno.

Su equipo creó luego un modelo de ratón desprovisto de linfocitos B y T, con lo que disminuía drásticamente la cantidad de células transmitida por las hembras al feto. Resultado: el cerebro de estos ratoncillos se desarrolla de manera diferente. Las células microgliales son notablemente más activas y se ponen a roer conexiones neuronales, por lo que disminuye la comunicación entre neuronas. En las crías de ocho días, esas diferencias se traslucen en los test de comportamiento: emiten más vocalizaciones, exploran menos su entorno, evitan los objetos nuevos. «Los test reflejan mayor agitación, déficit de atención y menores capacidades sociales», explica Petra. Cuando los científicos inyectaron *in utero* linfocitos B y T en estas hembras mutantes, restauraron un desarrollo neuronal normal en los fetos. «Nuestros resultados subrayan que las células microquiméricas de origen materno no son una simple fuga placentaria, sino más bien un mecanismo funcional que modela las condiciones óptimas para un funcionamiento cerebral sano más tarde en la vida», afirman los investigadores.

Educación inmunitaria

El cerebro no es el único órgano modelado por el microquimerismo. En un estudio anterior[11], el equipo de Petra había revelado otra función de las células de origen materno, esta vez en el sistema inmunitario de los bebés. Siguiendo el mismo procedimiento, con hembras de ratón preñadas privadas de linfocitos B y T, el equipo mostró que los ratoncillos pobres en células maternas padecen más infecciones que los otros. Un resultado que se da también en la especie humana, según descubrieron los investigadores: los recién nacidos que poseen más células de origen materno en la sangre presentan menos infecciones entre los siete meses y el año[12], aun después de descartar otros factores como el peso al nacer, la edad de la madre, la vacunación o la presencia de hermanos y hermanas mayores. «El microquimerismo materno favorece la inmunidad y atenúa el riesgo de infecciones respiratorias tempranas en los bebés humanos», concluye el artículo, que sugiere utilizar esas células como herramienta predictiva de la inmunidad de los niños.

A 8.000 km del Arck Lab, otro equipo de Estados Unidos está empezando a comprender cómo las células maternas consiguen «mostrar el camino» a las células fetales para defenderse mejor luego. «Extraño», «sorprendente», «perturbador». En pocas ocasiones he oído a una investigadora emplear tantas veces esas palabras como a Whitney Harrington. Esta pediatra americana del Instituto de Investigación sobre la Infancia de Seattle me cuenta sus experiencias con las células microquiméricas de origen materno como una sucesión de replanteamientos de sus hipótesis. Suponía que estas células disminuían en el organismo de los recién nacidos inmediatamente después del nacimiento, pero su equipó constató un pico en su concentración quince semanas después del parto[13]. Otra sorpresa inesperada y todavía sin explicar: estadísticamente, las niñas poseen más células maternas que los niños. Pero lo que más interesa a Whitney Harrington es la función educativa inmunitaria, que ha contribuido a describir pormenorizadamente[14].

El papel de educadores es desempeñado por los linfocitos T, células consideradas como los directores de orquesta del sistema inmunitario. Directores de orquesta con memoria de elefante, ya que conservan una huella, en forma de proteínas llamadas antígenos, de todos los patógenos con los que nos hemos encontrado en nuestra vida. Así pues, al atravesar la placenta, esas células maternas traen en su maleta una memoria del entorno exterior, una especie de colección de retratos de los patógenos, que exponen a las futuras células inmunitarias del bebé: por así decir, una guía de supervivencia en el exterior. «Hemos demostrado, por experimentos en ratones y en humanos, que los linfocitos transmiten sus antígenos a las células inmunitarias vírgenes del feto, lo que las hace luego más reactivas en caso de exposición a esos mismos antígenos», explica Whitney llenando la pizarra con unos crípticos dibujos. Al adherirse a las células inmunitarias todavía inmaduras del feto, las viajeras les previenen de los peligros que les acechan a la salida. Se suponía que nuestro sistema inmunitario representaba la ciudadela del yo, nuestra defensa contra el no-yo. Estamos descubriendo que se construye conjuntamente gracias al no-yo, y que una de sus primeras instrucciones consiste no en desconfiar de todas las células foráneas, sino únicamente de las que representan un auténtico peligro.

Licencia para matar

Y eso no es todo. Las células maternas no se limitan a una educación inmunitaria teórica indicando qué microbios hay que aprender a reconocer: también les dan una formación práctica. «Las enseñan a matar», resume Lee Nelson. Esta función ha sido demostrada por los trasplantes de sangre de cordón umbilical. Estos trasplantes consisten en transferir sangre del cordón, es decir, procedente de recién nacidos, a pacientes aquejados de enfermedades sanguíneas o del sistema inmunitario. ¿Por qué del cordón? Porque contiene numerosas células madre denominadas hematopoyéticas, es decir, capaces de generar todas las células de la sangre (glóbulos rojos, plaquetas, así como todas las células inmunitarias), con el objetivo de que estas últimas sustituyan a las células enfermas de los receptores. El proceso resulta más fácil con aquellas en tanto que son consideradas células «vírgenes»: en comparación con las células adultas, son menos susceptibles de ser reconocidas por el sistema inmunitario de personas enfermas. Cuando en la década de los noventa se averigua que hay células maternas vagabundeando por la sangre de todos los fetos[15] y que pueden suponer hasta el 1 % de los linfocitos presentes en la sangre umbilical[16], se teme, en primer lugar, que aumente el riesgo de rechazo[17], pero nada de eso sucede cuando se realizan los primeros trasplantes[18]. Lo que es mejor, se descubre que esas células procedentes de madres de fetos pueden instalarse en los trasplantados y mejorar su pronóstico, evitando, sobre todo, las recaídas en caso de leucemia[19].

¿Cómo pueden tener un efecto tan beneficioso si no representan más que el 1 % de todas las células inmunitarias presentes en la sangre del cordón? Resulta difícil imaginar que ellas mismas se dediquen a atacar a las células cancerosas de los enfermos. Son poco numerosas. En cambio, podrían enseñar a las células fetales el arte y la manera de atacar a las células peligrosas. «Este efecto lo hemos apodado *licence to kill*», expone Lee, en referencia a la película de James Bond. Esta «licencia para matar» ilustra la idea de que las células microquiméricas de origen materno podrían adiestrar a las células fetales para que atacasen a los elementos peligrosos, en este caso células malignas. «Estoy ahora convencido de que estas células microquiméricas son beneficiosas en los trasplantes de cordón umbilical. A partir de ahora hemos de tenerlas en cuenta en nuestra práctica», exhorta Michael Eikmans, a cargo de ciertas investigaciones en el Departamento de Inmunología del Centro Médico Universitario de Leiden, en los Países Bajos. En la actualidad, el investigador holandés se dedica a comprender mejor el fenómeno, aislando estas células en los receptores de una donación de cordón. Pero también él choca con el escepticismo de sus colegas: «La gente todavía duda del impacto de las células microquiméricas. Se va a necesitar tiempo, persuasión y dinero para continuar con nuestros estudios…».

9

EL LADO OSCURO DE LA FUERZA

El lado oscuro no es más fuerte,
es el camino rápido, fácil y seductor.

Maestro Yoda

Al cabo de este largo y fascinante trabajo, una cosa me ha quedado clara: en materia de microquimerismo, nada es del todo blanco o del todo negro. «Estas células no son ni intrínsecamente buenas, ni intrínsecamente malas», repite a menudo Lee Nelson, cuyos primeros estudios se centraron más bien en los potenciales efectos negativos, sobre todo en relación con las enfermedades autoinmunes. Ya lo hemos visto: al desplazar el foco de las situaciones patológicas a los individuos sanos, las primeras hipótesis se vieron refutadas. Esas células están en todas partes, en toda la gente. Además, no porque se las encuentre con mayor frecuencia en los órganos dañados son la causa del problema: podrían llegar en una segunda fase, atraídas por las señales de inflamación. De ahí a imaginarlas únicamente como aliadas, capaces de auxiliarnos en la vida, hay un gran paso que los investigadores no dan. «Hemos comprobado que una célula microquimérica es capaz tanto de lo peor como de lo mejor; es una cuestión de equilibrio», resume Nathalie Lambert, quien en la actualidad se dedica a buscar qué puede provocar que estas células se inclinen por el lado malvado de la fuerza. Una misión compleja, pues a imagen de la célebre saga de *Star Wars,* la frontera entre el bien y el mal es borrosa e inestable. Como a menudo sucede en biología, depende de una multiplicidad de factores: ¿qué células se establecen, cuándo y dónde?, ¿son muchas?, ¿qué proteínas producen? Para comprender cómo unas células que reparan y educan a veces pueden ser dañinas, imaginemos las aventuras de una célula-Jedi, cuyo camino se inclina cierto día por el lado oscuro.

Aumentemos el campo visual. En primer lugar, vemos una célula que vaga alrededor de una especie de planeta sombrío, que más tarde se convertirá en un feto. ¿Su primera expedición? Atravesar la placenta, salir de esa galaxia. Tiene que conseguir pasar por una especie de tapones filtrantes y colarse después a través de unos vasos minúsculos en espiral para acceder, finalmente, a la circulación sanguínea materna. Una vez allí, será arrastrada por el flujo, rodeada de glóbulos rojos. De momento, ninguna señal de inflamación convoca a nuestra célula. Vagabundea a merced de la corriente y toma luego uno de los numerosos microcapilares que permiten atravesar los huesos y llegar a la médula ósea. Esta cavidad esponjosa es el hogar de las células madre, células esenciales para el cuerpo humano, ya que son capaces de autorrenovarse y de generar los diferentes tipos de tejidos que nos componen. Ahí, en esa gruta fuera del tiempo, nuestra célula se encuentra a sus anchas de inmediato. Pasa los días felizmente, fabrica varias copias de sí misma, establece una especie de pequeña población de Jedi nómadas. Hasta que una señal cosquillea de repente sus receptores y la despierta de su letargo. Vuelve entonces a partir por las rutas sanguíneas, como si estuviera imantada. Sigue el gradiente de concentración de las moléculas inflamatorias hasta entrar en contacto con las células emisoras de la señal, donde pone en marcha su nueva vida activa. Se multiplica: algunas de sus células hijas se convierten en vasos sanguíneos; otras, en células inmunitarias; otras, como si fueran camaleones, se transforman en células idénticas a las de su alrededor (cardiomiocitos en el corazón, hepatocitos en el hígado, queratinocitos en la piel, etc.). Hasta aquí todo va bien. Hasta aquí todas las posibilidades siguen abiertas. Pero, como os había anunciado, en este capítulo nos interesan las historias que acaban mal.

Atracción fatal

Imaginemos que nuestra célula haya aterrizado no en una herida, en un corazón dañado o en un hígado infectado, sino… en el seno de un tumor incipiente, que también emite señales inflamatorias. ¿Se pondrá a fabricar vasos sanguíneos como haría en el interior de una herida? ¿Se dedicará a favorecer no ya la cicatrización, sino el desarrollo del tumor? Es muy probable. Investigadores franceses, dirigidos por Sélim Aractingi y Kiarash Khosrotehrani (ellos, una vez más), analizaron biopsias de melanoma y de lunares atípicos, pero benignos, de veinticuatro mujeres embarazadas[1]. Resultado: el 63 % de los melanomas contienen células fetales frente al 12 % de los lunares benignos. Y, efectivamente, las células fetales encontradas en los melanomas se transforman en vasos sanguíneos, es decir, en aliados potenciales de las células cancerosas. ¿Es esta la razón por la que el pronóstico de un cáncer de piel es generalmente menos bueno si se desarrolla durante el embarazo o justo después del parto, cuando se da la mayor concentración de células fetales circulantes? Otro tanto para el cáncer de mama: cuando aparece durante o justo después del embarazo, suele describirse como más agresivo. ¿Hay que ver aquí una actuación nefasta de las células de origen fetal? La hipótesis parece justificada, aunque otros factores, especialmente las hormonas vinculadas con el embarazo, también podrían desempeñar cierto papel.

Otro escenario. El cuerpo por el que navega nuestra célula presenta una inflamación cutánea persistente, ligada a una intensa exposición a los hidrocarburos. En el flujo sanguíneo que la lleva hacia la piel, se encuentra en medio de decenas, centenares de otras células Jedi. Como ella, todas han sido atraídas hacia esa especie de incendios diseminados aquí y allá, por el torso, los brazos y las manos. Su llegada, masiva, no pasa desapercibida al sistema inmunitario, de ahí que el nivel de inflamación se agudice atrayendo cada vez más células microquiméricas. ¿Cómo apagar un fuego si los propios bomberos se vuelven pirómanos? Esta situación está libremente inspirada en una historia verdadera. Cuando Nathalie Lambert me lo cuenta por primera vez, me dice: «Es mi momento eureka». En el 2010, un hospital belga le envía una muestra de sangre de un varón de 40 años que mostraba síntomas compatibles con esclerodermia, una afección, sobre todo femenina, que vuelve rígidas la piel y las articulaciones. Veinte años antes, cuando era un joven obrero, experimentó una peligrosa exposición a los hidrocarburos. En su sangre, Nathalie descubre una impresionante tasa de microquimerismo: un 5 % de las células sanguíneas tiene marcadores genéticos diferentes a los del paciente[2]. Por sus dos cromosomas X, estas nómadas proceden necesariamente de un individuo femenino. Sorpresa: no se trata de las células de la madre del paciente, ni tampoco proceden de su hermana mayor. Analizando minuciosamente el ADN de los dos padres, Nathalie se da cuenta de que se encuentra ante células de una gemela desaparecida: un embrión femenino, que habría iniciado su desarrollo al mismo tiempo que el paciente, pero luego se habría desvanecido de manera totalmente subrepticia en el océano amniótico. No obstante, algunas células habrían conseguido evitar la aniquilación encontrando un camino en el seno del embrión superviviente, donde habrían establecido a escondidas varias poblaciones. De ahí que cuarenta años más tarde, la inflamación cutánea las haga salir de sus diferentes nichos. Esta irrupción masiva de células alóctonas podría desencadenar reacciones de rechazo inmunitario, suponen los investigadores. Esas reacciones exacerbarían la inflamación de los tejidos, que responderían produciendo grandes cantidades de colágeno, una proteína fibrosa esencial, pero problemática cuando es excesiva: es la responsable del endurecimiento de la piel y las articulaciones de la esclerodermia. «Es probable que este tipo de cuadros se den en varones aquejados de enfermedades típicamente femeninas», considera Nathalie. También podría afectar a mujeres que hayan acumulado grandes reservas de células microquiméricas, las que hayan sufrido numerosos abortos espontáneos o inducidos, por ejemplo. Estas situaciones, pendientes de confirmación, cambiarían drásticamente nuestro enfoque de las enfermedades hasta ahora llamadas «auto»-inmunes, pues no nos encontraríamos ya frente a una revuelta del sistema inmunitario contra nuestras propias células, sino que estaríamos sufriendo los efectos colaterales de reacciones inmunitarias entre células de diferente origen. En particular, esto podría explicar por qué el 80 % de las víctimas de enfermedades «auto»-inmunes son mujeres y por qué algunas de esas afecciones tienen su mayor incidencia entre los 40 y los

60 años, después del período reproductivo, es decir, después de haberse colmado de células microquiméricas.

El despertar de las quimeras

«Hoy en día el reto no es ya matar a la quimera que está en cada uno de nosotros, sino averiguar qué es lo que despierta el microquimerismo, qué lo hace salir de sus nichos biológicos», analiza Nathalie. Estos estímulos pueden ser internos, cuando aparece un tumor o se produce un ataque al corazón, pero también pueden ser externos, a consecuencia, sobre todo, de ciertas exposiciones ambientales, como en el caso del paciente belga. Un estudio con hembras de ratón ha mostrado, por ejemplo, que una inyección de cloruro de vinilo, empleado en la fabricación de materiales plásticos (PVC), multiplica aproximadamente por cincuenta el número de células microquiméricas en circulación[3]. Otro estudio mostró una mayor preservación de células de origen fetal en los pulmones de las hembras de ratón expuestas al humo de cigarrillos durante la gestación[4]. Y hay aún más acontecimientos externos capaces de despertar a nuestras quimeras: las infecciones, que, al generar señales inflamatorias, también podrían atraer a nuestras células microquiméricas de reserva.

Además de la manera en que se despiertan nuestras quimeras y del entorno en el que aterrizan, hay otro elemento que puede hacer que estas células basculen del lado luminoso al oscuro: los genes que portan. Empezando por los del sistema HLA, que determinan los motivos de nuestras gorras celulares. Los investigadores han descubierto que, cuando los motivos de las células maternas son muy similares a los del feto, los intercambios se producen con más facilidad[5]. «La compatibilidad HLA es, sin duda, un elemento importante en el microquimerismo», insiste Lee Nelson. Pero atención: una compatibilidad demasiado grande parece provocar confusión en el sistema inmunitario. Por ejemplo, cuando una mujer conserva células con motivos HLA muy cercanos a los suyos, aumenta el riesgo de que un día desarrolle esclerodermia. Como si, confuso entre las células del yo y de un «casi yo», el sistema inmunitario terminara desajustándose. Y al contrario, en mujeres que ya estaban enfermas, cuanto más difieren las células fetales de las suyas, más posibilidades tienen de que se les mitiguen los síntomas durante el embarazo.

Minisuplemento de riesgo

Además de la compatibilidad HLA, los genes de las células microquiméricas pueden asimismo influir en el curso de los acontecimientos por el simple hecho de ser traducidos en proteínas, que pueden afectar a nuestra fisiología. Este fenómeno se ha demostrado en el caso de la poliartritis reumatoide, una enfermedad autoinmune que afecta a las articulaciones y de cuyos componentes genéticos no caben dudas[6]. De media, el 80 % de las víctimas, de nuevo mayoritariamente mujeres, tienen genes identificados como factores de susceptibilidad. Ahora bien, los investigadores han podido demostrar que las mujeres exentas de esos factores, pero igualmente enfermas, poseen células microquiméricas provistas de estos genes de riesgo en mayor cantidad y con más frecuencia que las demás. En algunas mujeres, esas células representan hasta el 0,5 % de las células que circulan en su sangre periférica, es decir, cien veces más que en las mujeres del grupo de control. Por otra parte, los estudios epidemiológicos van en el mismo sentido: las mujeres enfermas tienen hijos portadores de esos genes de predisposición con más frecuencia que las otras. En la actualidad, en su laboratorio de Marsella, Nathalie Lambert está realizando estudios con ratones que confirman esos resultados y precisan los mecanismos biológicos en funcionamiento. «De acuerdo con los genes que tengan y, por consiguiente, de las proteínas que produzcan, las células microquiméricas pueden, sin duda, modificar profundamente su entorno —resume la investigadora, antes de añadir en broma— ¡Ya te digo si hay que elegir bien marido!». Otros estudios van en el mismo sentido: hay investigaciones que han constatado que las madres de niños aquejados de trisomía 21 tienen entre cuatro y cinco veces más posibilidades de desarrollar alzhéimer luego en su vida, un riesgo añadido que no aparece en los padres de esos niños[7]. ¿Hay que ver ahí la intervención de células microquiméricas anormales de origen fetal? No puede excluirse la hipótesis, aunque habría que tener en cuenta otros factores. «¿Se empeoran las cosas cuando se aborta un feto afecto de trisomía 21 al conservar aún más células portadoras de esta anomalía?», se pregunta Lee Nelson, que habla de «minitransferencias de genes»[8].

Esta forma de legado genético descabala nuestra visión habitual de la herencia, que se transmite, por definición, de padres a hijos, de una generación a la siguiente. Ahora, las mujeres pueden heredar los genes de su prole, una especie de herencia a la inversa, que remonta el tiempo. Y, cuando esas células proceden de un gemelo, vivo o desaparecido, se perfila una especie de herencia horizontal en el interior de la fratría. Pero, en el fondo, da igual el sentido de las transferencias, el mensaje es el mismo: no nos construimos únicamente a partir de nuestros propios genes. El ADN de una célula que nos llega del exterior, pero que se instala en el interior de nuestros órganos, contribuye también a modelar nuestra fisiología. Nos construimos con los otros.

Estos descubrimientos son asimismo relevantes en el marco de los xenotrasplantes, es decir, con órganos procedentes de otra especie. Dado que existe una moratoria internacional sobre los trasplantes entre especies desde 1999, estos últimos podrían desarrollarse en los próximos años tras el semiéxito que tuvo lugar en 2022: un americano sobrevivió dos meses después de que se le trasplantara un corazón de cerdo. Un récord. Además, su muerte no estuvo motivada por rechazo al injerto, según explicaron los cirujanos del hospital de la Universidad de Maryland, para quienes esta primicia mundial demuestra la pertinencia y las posibilidades de los xenotrasplantes. «Hemos entrado en una nueva era en los trasplantes de órganos», afirmaron los especialistas. Pero ¿qué pasa con las células microquiméricas? Cuando se trasplanta un corazón de cerdo en un humano, ¿hasta qué punto las células porcinas que vayan a visitar otros órganos podrían perturbar nuestra fisiología normal? Por ahora, esta pregunta ni se ha planteado.

Por último, algunos investigadores consideran que las células quiméricas presentes en nuestros cerebros podrían provocar problemas psicológicos, en concreto, depresión postparto, esquizofrenia o alteraciones disociativas de la identidad[9]. También podrían estar implicadas en enfermedades neurológicas, especialmente el párkinson, el alzhéimer o, incluso, la epilepsia[10]. «Las mayores concentraciones de células microquiméricas de origen materno que he podido observar a lo largo de toda mi carrera proceden de muestras de cerebro tomadas en operaciones de niños aquejados de epilepsia», confiesa Lee. Pero atención: una asociación no se explica necesariamente por una relación de causa y efecto. «Si nos ponemos malos, de ningún modo hay que ir al hospital: la probabilidad de morir en una cama de hospital es diez veces mayor que la de hacerlo en casa en la cama», bromeaba Coluche. Sin duda, hay una asociación entre el hecho de encontrarse en una cama de hospital y el de morir; sin embargo, el hecho de tumbarse en una de esas camas no va a ser la causa de nuestra muerte. Antes de afirmar una causalidad, hay que verificar que esas correlaciones son reproducibles, que no están distorsionadas por otros factores. Habría que conocer también el sentido de esas correlaciones: ¿el aumento de la presencia de células microquiméricas es el origen de los problemas o es la consecuencia? Habría finalmente que verificar que exista una coherencia biológica entre todas esas apreciaciones, lo que todavía no es, en absoluto, el caso. A falta de estudios, nos tenemos que limitar por ahora a la formulación de hipótesis. No son las primeras ni serán las últimas.

10

ZOMBIS Y TITÍES

La única cosa estable
es el movimiento.
En todas partes y siempre.

Jean Tinguely

«Nada tiene sentido en biología si no es a la luz de la evolución», escribía en 1973 el biólogo Theodosius Dobzhansky. Sin embargo, explicar el microquimerismo «a la luz de la evolución» no es tarea fácil. Requiere partir en busca de sus orígenes, que se remontan por lo menos a varias decenas de millones de años, cuando nuestros antepasados lejanos empezaron a desarrollarse no ya en cascarones, sino en el interior de una placenta. Un acontecimiento primordial desencadenado por un virus, como vimos en el primer capítulo. La aparición de la placenta no solo permitió proteger al feto en el interior del vientre de su madre, sino que también hizo posible la mezcla de las células. En otras palabras, ese órgano, surgido él mismo del encuentro entre un virus y un animal, vestigio quimérico de nuestro pasado, se ha convertido en el principal motor del microquimerismo, en el gran coordinador de nuestras escapadas celulares. Aparte de en los humanos y en los ratones de laboratorio, este fenómeno probablemente existe en todos los mamíferos placentarios, aunque hasta ahora solo se haya estudiado en una decena de animales (por ejemplo, la rata, el conejo, el perro, el caballo, la vaca, el cerdo y también varias especies de monos). De ahí la siguiente pregunta planteada por varios expertos: si esta característica nos viene de tan lejos y si es compartida por tantas especies, ¿representa una ventaja desde el punto de vista de la evolución? Si este fenómeno no ha sido eliminado por esa despiadada escultora que es la evolución, ¿es porque nos resulta útil?

Por supuesto, para responder a esta pregunta podemos apoyarnos en hechos objetivos, en estadísticas. Pero, al final, hay que dar el gran salto: inventar posibilidades, concebir escenarios. Dar muestras de imaginación. «En biología evolutiva es más fácil estar equivocado que tener razón», admite David Haig, profesor del Departamento de Biología Orgánica y Evolutiva de la Universidad de Harvard, en los Estados Unidos. A él no le da miedo equivocarse. De entre todos los investigadores que he conocido, este genetista de origen australiano es el más convencido del papel adaptativo del microquimerismo. «Las consecuencias conocidas en la salud de las madres y de los niños sugieren un efecto de la selección natural. Para mí sería inverosímil que este fenómeno antiguo y presente en numerosos mamíferos no tenga función selectiva». Así que atrevámonos a desplegar el abanico de posibilidades e imaginemos cuáles podrían ser o habrían podido ser esas funciones.

Con vistas a la evolución, lo más importante es poder transmitir genes a la siguiente generación, así que el embarazo representa un momento crucial. No obstante, no podemos decir que la evolución haya transformado la gestación en un mecanismo perfectamente engrasado: a pesar de los inmensos progresos médicos, al menos 800 mujeres mueren todavía a diario en el mundo por complicaciones vinculadas con el embarazo o el parto, según estadísticas de la Organización Mundial de la Salud. Y el número de complicaciones graves, que pueden dejar secuelas de por vida, sería entre cincuenta y cien veces más elevado[1]. Del otro lado de la placenta todavía es peor. Entre las desapariciones de embriones que se producen apenas unos días después de su concepción, los abortos naturales posteriores y las muertes de recién nacidos durante el parto o justo después, la mayoría de las fecundaciones no llega a término. Para David Haig, esto demuestra que el embarazo no es solo una bonita historia de cooperación entre la madre y el feto, como suele presentarse, sino más bien un conflicto. Un conflicto entre dos individuos distintos, cuyos intereses pueden divergir: si el feto exige demasiado, la supervivencia de la madre puede verse comprometida; por el contrario, si el organismo de la madre no consigue compartir suficientemente sus recursos, se pone en juego la supervivencia del feto. De ahí el desarrollo de estrategias y contraofensivas a un lado y otro de la placenta para sobrevivir a la experiencia. Así que los conflictos entre madre e hijo empezarían desde los primeros instantes que siguen a la fecundación...

El abanico de posibilidades

En este contexto, las células viajeras podrían desempeñar varios papeles fundamentales. Primera presumible misión: pacificar la cohabitación de dos organismos genéticamente distintos, entremezclar sus intereses. «Mi hipótesis favorita es que esas células son unas mensajeras esenciales para el inicio de la gestación: actuarían como negociadores para facilitar la disposición de la placenta y el acomodo, durante nueve meses, de ese cuerpo semiforáneo», plantea Amy Boddy, bióloga evolutiva en la Universidad de Santa Bárbara, otra convencida del papel adaptativo del microquimerismo. Volvemos así a la idea de las «expedicionarias de la tolerancia» formulada por Thomas Starlz en el marco de los trasplantes: estas ilustres embajadoras contribuirían a tolerar la presencia de ese extraño trasplante natural alojado en el vientre de las mujeres desde hace milenios; acudirían, junto con otras, para darse a conocer a las células del sistema inmunitario materno y evitar que este desencadene reacciones de rechazo.

Tener un techo es buena cosa. Vivir a mesa puesta es aún mejor. Entre las primeras células fetales que se aventuran en los tejidos maternos figuran las células trofoblásticas de la placenta, las mismas que habían permitido sospechar la existencia del microquimerismo hace más de un siglo. Ahora bien, estas penetran muy pronto en el interior de los vasos sanguíneos maternos, donde consiguen ampliar su diámetro de modo que aumente el flujo de nutrientes y oxígeno hacia el feto. Vendría a ser como abrir la llave del agua cuando se inaugura una casa. Una primera etapa esencial, pero sin duda insuficiente para asegurar la supervivencia a largo plazo del bebé. A continuación, después de haber abierto el grifo principal, otras células fetales se dirigen a establecer una especie de sucursales en el organismo materno. Pero no en cualquier lugar: en lugares clave que permitan la captación de otros recursos maternos, sugieren Amy Boddy y otros tres colegas americanos en un artículo dedicado a la cuestión evolutiva[2]. Una estrategia eminentemente táctica que permite no solo ampliar los límites de la placenta más allá del útero, sino también prolongar su papel nutricio y protector después del embarazo, pues esas sucursales participarían en la supervivencia del recién nacido incluso después del parto.

Cuando se nace tan vulnerable como lo hacen los humanos, incapaces de moverse y de satisfacer las necesidades, hay dos tipos de recursos que resultan primordiales: el alimento y la protección. Respecto al primero, la estrategia consistiría en establecer células en los tejidos mamarios, sitio privilegiado de producción láctea. Varios estudios han encontrado células supuestamente de origen fetal en los pechos de la mayoría de las mujeres que han dado a luz[3]. En el caso de las hembras de ratón, hay estudios que muestran que esas células fetales pueden transformarse en células «semejantes» a las que producen la leche cuando se ven expuestas a las hormonas de la lactación[4]. Cabe imaginar, por consiguiente, que las viajeras que se marchan de la placenta a las mamas participan, una vez que se cierra la llave del cordón umbilical, en la apertura de un grifo secundario: el de la leche materna. Antes de la invención de las leches infantiles, ese grifo representaba el único acceso a los recursos nutritivos. Otra ventaja para el bebé: al favorecer la lactación, esas células inhibirían durante más tiempo la ovulación de su madre, retrasando así unos meses la posibilidad de un nuevo embarazo. Una manera excelente de conservar la exclusividad materna el mayor tiempo posible con el fin de satisfacer sus propias necesidades.

Segundo recurso esencial para la supervivencia de un recién nacido: la protección. Abandonado al nacer, un recién nacido no tiene ninguna posibilidad de sobrevivir, de ahí su enorme interés en que sus padres, en este caso su madre, se encariñe con él. Para eso hay que ir al cerebro. No lo olvidemos: los científicos han encontrado células masculinas en la mayoría de los cerebros de mujeres[5]. Es cierto que (todavía) no se ha demostrado que procedan de sus fetos, pero estudios en hembras de ratón permiten pensar que ese es el origen más probable y que esas células pueden transformarse en neuronas y otras células funcionales del sistema nervioso central[6].

Por consiguiente, ¿no cabe imaginar que puedan influir de un modo u otro en las funciones cerebrales maternas? ¿Podrían, por ejemplo, fabricar algunas moléculas como la oxitocina, una hormona producida por las neuronas e involucrada en comportamientos sociales como el apego, la generosidad y la empatía? ¿Cabría la posibilidad de que la selección hubiera favorecido el microquimerismo fetal por su capacidad de acentuar el fenómeno del apego materno? «Sería verdaderamente estupendo demostrar que las células de origen fetal producen oxitocina», sueña Amy Boddy.

El microquimerismo: ¿una zombificación?

En este estadio de las hipótesis podríamos pensar que nos encontramos ante un proceso de zombificación de las madres por sus fetos. Lo cierto es que en la naturaleza abundan increíbles historias de zombificación en las que determinados parásitos toman el control de ciertos organismos: un hongo que pilota el cerebro de las hormigas carpinteras, el virus de la toxoplasmosis que manipula a los roedores, un gusano que transforma a peces en boyas flotantes... ¿Podrían hacer lo mismo las células fetales con la madre? ¿Las manejarían en su provecho? ¿Hacen de nosotras sus zombis? La teoría de los conflictos de parentesco, elaborada, sobre todo, por David Haig, predice que las madres no se dejan mangonear, pues, a fin de cuentas, al feto, al igual que a la madre, le interesa la supervivencia y el bienestar del otro. Es una historia de negociación, insiste Amy, quien subraya que los tejidos maternos se han adaptado necesariamente para evitar que la demanda fetal supere su nivel óptimo, sobre todo mediante la eliminación de una parte de las células microquiméricas después del parto. El conflicto tendría lugar únicamente en caso de que se sobrepasara ese nivel óptimo.

Se me ocurre un extraño paralelismo. Mis fetos se han convertido en adolescentes. Sigo alojándolos, alimentándolos, amándolos. Por su parte, ellos siguen dejándome rastros de su presencia por todas partes: migas en el sofá, calcetines sucios en la escalera, barro a la entrada de casa. Algunas veces la cosa supera el nivel óptimo, lo que se traduce en broncas periódicas. Durante el embarazo, este tipo de excesos se manifestaría en complicaciones más graves: nacimientos prematuros, abortos o incluso eclampsias, esas crisis convulsivas que pueden ser mortales tanto para el feto como para la madre. Cuando se producen estas complicaciones, se observa, además, un aumento de la concentración de células fetales en la sangre materna[7]. En definitiva, retomando la analogía del grifo, esto equivaldría a abrir demasiado las llaves maternas, lo que puede resultar un juego peligroso para todo el mundo.

«Al niño le interesa muchísimo que su madre esté sana, por lo que generalmente no es esperable que esas células la dañen», razona David Haig. La selección natural ha tenido tiempo de sobra para actuar sobre este fenómeno, favoreciendo los efectos benéficos no solo para el feto, sino también para la madre, especula el investigador. Para el feto, las ventajas parecen numerosas. Al enviar sus células más allá de la placenta, se aseguraría el cobijo, el alimento y el amor materno y, al recibir en su propio organismo las células de su madre, se aseguraría un desarrollo neuronal armonioso y un sistema inmunitario listo para protegerlo más adelante, como vimos en el capítulo anterior. Pero ¿qué provecho pueden obtener del microquimerismo las madres?

La revancha de las mujeres

Si me habéis seguido hasta aquí, ya no es una sorpresa: las células de origen fetal ofrecen, en primer lugar, una posibilidad de reparación tisular bastante notable. Al desplazarse específicamente a las zonas de inflamación, esas células pueden ayudar en la cicatrización de una herida cutánea, pero también, según parece, del tejido cardíaco e, incluso, cerebral. El fenómeno sería más apreciable si se produjera durante o justo después del embarazo, cuando las concentraciones de células fetales circulantes son más relevantes. Asimismo, luego podría prolongarse, sobre todo, mediante el reclutamiento de células microquiméricas ocultas en el interior de la médula ósea y probablemente en otros órganos, aletargadas en forma de células madre capaces de transformarse en diferentes tejidos según su entorno. «La reconstitución de nichos de células madre podría mejorar la supervivencia materna compensando los efectos negativos debidos al envejecimiento», sugieren Amy Boddy y sus coautores. El efecto de «cura de juventud» supondría una ventaja tanto para las madres como para su prole, que podría entonces beneficiarse con mayor seguridad y durante más tiempo de su atenta dedicación. A Amy le gusta decir que la persistencia de las células fetales en el organismo de las madres representa «una especie de seguro de vida para los niños».

Aparte del fenómeno de la regeneración, las células fetales podrían participar en la mejora de la supervivencia de las madres mediante otros mecanismos todavía sin explicar. En 2014, el epidemiólogo danés Mads Kamper-Jørgensen y su equipo pudieron recuperar muestras de sangre de 172 mujeres implicadas en una cohorte epidemiológica iniciada en los años noventa, cuando tenían entre 50 y 65 años[8]. En un 70 % de las participantes, los investigadores encontraron células masculinas (no se buscaban células microquiméricas femeninas). Sorpresa: treinta años más tarde, las mujeres que en los años noventa eran positivas al microquimerismo presentan una mortalidad inferior al 60 % en comparación con aquellas a las que no se les detectó ningún rastro de células masculinas. ¿La razón? Un riesgo «claramente bajo» de fallecimiento por cáncer. El equipo ha seguido después con sus estudios epidemiológicos y varios resultados confirman esa ventaja: la presencia de células masculinas en la sangre aparece asociada a una disminución del riesgo de desarrollar cáncer de mama, de ovario o incluso cerebral en mujeres[9]. Esta observación no pone en duda necesariamente el estudio sobre los melanomas mencionado en el capítulo anterior: estas células, numerosas durante o justo después del embarazo, podrían empeorar un cáncer que se desarrolle precisamente en ese momento, igual que podrían contribuir a limitar su perjuicio si el tumor apareciese después. ¿Cómo? Mads Kamper-Jørgensen tiene una hipótesis: la presencia de un nivel bajo de células foráneas mantendría nuestro sistema inmunitario alerta permitiéndole, por consiguiente, reaccionar más rápidamente frente a células malignas. Sin duda es un mecanismo plausible, pero todavía está sin verificar. Por otra parte, una vez más, se trata de una correlación, no una causalidad. ¿Cómo comprobar que la diferencia de mortalidad por cáncer observada en los estudios de Mads Kamper-Jørgensen es una consecuencia de las células fetales que circulan por la sangre? Aunque esos estudios tengan en cuenta factores como el tabaquismo, la obesidad o los antecedentes médicos, «¡durante el embarazo ocurren 15.000 cosas que pueden explicar las diferencias observadas!», critica Kiarash Khosrotehrani, siempre prudente ante este tipo de estudios.

«Tenemos ganas de creérnoslo, ¿verdad?», sonríe la filósofa danesa Margrit Shildrick, conocida por sus trabajos feministas.

Sí, aunque los estudios se contradigan y las incertidumbres se multipliquen, claro que tenemos ganas de creérnoslo. Así visto, ¿no parece el microquimerismo una justa recompensa por todos los onerosos tributos que pagan las mujeres por la reproducción de la especie? También una pequeña revancha frente a los varones, que transmiten sus genes a la siguiente generación, sin ningún esfuerzo, en el transcurso de sus múltiples relaciones orgásmicas. Nosotras asumimos la mayoría de los riesgos en la supervivencia de la descendencia, pero, al conservar células potencialmente benéficas para nuestra salud, resultaríamos en cierto modo «resarcidas». Algunos investigadores consideran incluso que esta herencia microquimérica podría explicar nuestra mayor esperanza de vida[10]: las mujeres viven, de media, cinco años más que los hombres. No obstante, se trata de una hipótesis difícil de defender, pues hay que tener en cuenta otros muchos elementos.

La fuerza del grupo

Por último, existe otra hipótesis a favor de una función adaptativa del microquimerismo: al entrelazar nuestras células, este fenómeno podría mejorar la cohesión familiar, es decir, nuestra supervivencia en época prehistórica. Esta hipótesis deriva del estudio de los tities, pequeños simios endémicos de Brasil. En su caso no se habla de microquimerismo, sino de macroquimerismo dada su enorme cantidad de células alóctonas. El motivo es conocido: su gestación comienza sistemáticamente con varios embriones en el mismo saco amniótico y durante el embarazo se establecen conexiones vasculares entre ellos. De ese modo, todos los pequeños tities poseen en la sangre células de sus cogemelos. Como sucede en los humanos, estas células se instalan en otros lugares aparte de la sangre, en absolutamente todos los tejidos: no solo en el bazo, el hígado, el corazón, los pulmones, la saliva y la piel, sino también en los ovarios y los testículos, de tal modo que los tities pueden poseer óvulos o espermatozoides que contengan el patrimonio genético de su hermana o de su hermano. Según un estudio publicado en 2007[11], a una familia de cada tres le afecta este fenómeno, de manera que el padre puede ser tío de sus hijos; la madre, tía; los hermanos, primos. Lo que es más sorprendente aún: los investigadores han observado un caso en el que la hembra transmitió el patrimonio genético de un mellizo macho. En otras palabras, ¡sus óvulos estaban compuestos de células XY masculinas! Una situación totalmente inédita.

Este nivel de quimerismo podría explicar la asombrosa cooperación advertida en las familias de tities: por ejemplo, los padres se ocupan mucho de la prole, así como los hermanos y hermanas mayores. Toda la familia colabora para criar a los jóvenes, lo que permite a las hembras quedar preñadas más rápidamente. Los investigadores han observado un fenómeno más intrigante todavía: cuando los recién nacidos tienen una piel quimérica, los padres dedican más tiempo a transportarlos. La piel es el tejido «con más capacidad para intervenir en el reconocimiento del parentesco», explican los autores del estudio. Ahora bien, si en la piel se encuentran células no solo del recién nacido, sino también de sus cogemelos, debe haber un mayor número de genes paternos, lo que podría aumentar las posibilidades de que los padres se reconozcan en su progenie. «El quimerismo podría ayudar a explicar la infrecuente atracción de los machos por las crías entre los tities comunes», concluyen los autores. ¡Una interesante pista para un mejor reparto de la ocupación parental!

Pero tengo que refrenar mi entusiasmo: se trata simplemente de una conjetura. Una posibilidad más entre otras. «A menudo queremos dar un sentido, una función a las observaciones, pero esas características pueden deberse perfectamente al azar o no ser más que una consecuencia fortuita de otra característica», modera Éric Bapteste, especialista en biología evolutiva. Para apoyar su objeción, el investigador, doctor también en filosofía, recurre a la metáfora de la basílica de San Marcos en Venecia, formulada hace ya casi medio siglo por el biólogo Stephen Jay Gould: algunas figuras representadas en las enjutas, los elementos constructivos que forman los rincones de un arco, son «tan elaboradas, armoniosas y útiles que estamos tentados de considerarlas como el punto de partida de todo el análisis, como la causa en cierto modo, de la arquitectura circundante»[12]. En realidad, las enjutas derivan de una exigencia arquitectónica y los escultores han aprovechado luego esos espacios para realizar sus obras. En nuestro caso, la placenta podría sustituir a los arcos de la basílica: es la exigencia arquitectónica. El hecho de que, además de alimentos y moléculas esenciales para la supervivencia del feto, deje pasar células microquiméricas tal vez no sea más que un efecto colateral perfectamente inútil, al que hoy nos dedicamos a dar vueltas. Otra posibilidad: el microquimerismo podría haber desempeñado un papel en el pasado, pero esos intercambios ya no tendrían utilidad en nuestro mundo moderno. «El único experimento que permitiría saber si esas células desempeñan o no un papel esencial sería impedir esos pasos», sugiere el investigador. En humanos resulta imposible, pero las investigaciones sobre úteros artificiales quizá permitan un día comprobarlo en animales.

Al tiempo que algunos se desloman para comprender las funciones del microquimerismo en la especie humana, otros se preguntan[13]: ¿y si no nos encontramos en la escala adecuada para juzgar las ventajas adaptativas del fenómeno? ¿Y si, en lugar de seguir mirándonos una vez más el ombligo como individuos, nos considerásemos como un conjunto de células, incluso de genes, de origen humano y microbiano? En ese caso, cada uno de nuestros componentes podría tener intereses propios, algunos convergentes y otros no. De sus interacciones dependería nuestro equilibrio global. En esa escala, el microquimerismo se mostraría particularmente ventajoso: ¿no es la puerta de entrada a una navegación perpetua a través del cuerpo y del tiempo?

Ahora estoy segura: si fuera una célula, me encantaría ser microquimérica.

EPÍLOGO

ECOLOGIZAR LA INMUNOLOGÍA

Nuestras quimeras son lo que más se nos parece.

Victor Hugo

En 2011 unos geólogos brasileños descubrieron la existencia de un inmenso río subterráneo, situado a 4.000 metros de profundidad, que corría lentamente de oeste a este bajo el Amazonas. Un fantástico curso de agua, hasta entonces inadvertido. En 2014 unos colegas norteamericanos descubrieron otro reservorio de agua, más colosal todavía, que baña el manto terrestre a una profundidad de entre 400 y 700 km. En el Vercors, donde vivo, serpentean ríos subterráneos por los poros y los meandros calcáreos de la montaña, resultado de una larga historia geológica. Salgo de este estudio con la impresión de haber sacado a la luz nuestros propios ríos subterráneos. Ríos en los que desgranamos nuestras células y recibimos las de otros como sedimentos arrancados a las riberas, arrastrados por la corriente y depositados luego en otra parte. Estamos atravesados por estos ríos que nos entremezclan y nos irrigan. Ríos sin frontera, en una temporalidad en suspenso, que modelan nuestros paisajes más íntimos. «Las historias de microquimerismo me hacen pensar en una fuga de agua», me dijo un día Éric Bapteste, filósofo y biólogo evolutivo. Fugas que van a remansarse en los menores repliegues de nuestro organismo.

Estas metáforas de flujos ocultos, sinuosos y burlones me evocan también la imagen del progreso científico revelado por el microquimerismo. La ciencia en construcción es todo salvo un largo río tranquilo: toma caminos sorprendentes, avanza a tientas. Desborda las certezas asumidas demasiado pronto, se lleva por delante hipótesis formuladas con premura. Choca también con dogmas sólidamente anclados. El de un sistema inmunitario puramente defensivo, cual ejército presto a combatir cualquier intromisión ajena al yo, ha actuado como un obstáculo insalvable. Con esta visión de la inmunidad, dominante a lo largo de todo el siglo XX, resultaba imposible plantear la persistencia de células alóctonas, a no ser en el marco de una disfunción, de un proceso patológico. A Diana Bianchi le hicieron falta tres años y mucha perseverancia para que finalmente le aceptaran su primer artículo sobre el microquimerismo en una revista científica. Otros tres años fueron necesarios para que Lee Nelson desplazara el foco hacia individuos sanos. Solo entonces pudimos descubrir la ubicuidad del fenómeno. Por fin el obstáculo se resquebrajó: todos somos quimeras, el otro está en cada uno de nosotros. Buscábamos células monstruosas, claramente distintas de nuestras «propias» células. Descubrimos que se integran perfectamente en nuestros tejidos, que son funcionales, que incluso pueden reparar, regenerar. ¿Podemos seguir utilizando el adjetivo «propio» para distinguir las células que proceden de nuestro cigoto original? ¿Propias porque serían de nuestra propiedad?, ¿porque nos pertenecerían de manera exclusiva? ¿Podemos seguir hablando del yo y del no-yo cuando ambos se entremezclan tan estrechamente? Nuestras consabidas referencias saltan en pedazos. «Las células microquiméricas se unen a sus compañeros bacterianos para hacernos comprender que no somos lo que creíamos ser», resume la historiadora de la ciencia Aryn Martin. El yo es un nosotros. Nuestra singularidad no procede de una lucha sin cuartel contra cualquier elemento foráneo. Deriva de esos entrelazamientos, sutil co-construcción en la que otras células humanas y no humanas intervienen para enriquecernos.

Mientras remontaba el sinuoso curso de los descubrimientos sobre el microquimerismo, me encontré con otro freno: nuestro gusto por las fronteras, que actúan como pequeños diques que entorpecen la ciencia. Tenemos, sin duda, una enojosa tendencia a fijar líneas de demarcación que nos parecen perfectamente claras y estancas, pero la naturaleza se ríe de las fronteras y desbarata nuestros dogmas. Si la placenta se presenta como una barrera que únicamente pueden atravesar los alimentos y los gases esenciales para el bebé, ¿cómo aceptar la circulación de células en ambos sentidos? Lo mismo vale para la «barrera hematoencefálica», que en teoría protege nuestro cerebro, pero que, sin embargo, deja pasar células ajenas. El microquimerismo trastoca también las fronteras del tiempo: conservamos células del pasado, procedentes de nuestras madres o de nuestras abuelas, así como del futuro, legadas por nuestros fetos. Confunde hasta las fronteras de la muerte, puesto que nuestras células errantes pueden sobrevivir a nuestra desaparición. Más que en una sucesión de existencias confrontadas con su propia finitud, estas células compartidas nos invitan a pensar en términos de coexistencia atemporal, sugiere la filósofa Margrit Shildrick[1]. Incluso nuestras fronteras corporales quedan descabaladas, pues estas células crean una forma de continuidad entre varios individuos, nos ofrecen un yo ampliado a los demás.

¿Y si no hubiésemos sido nunca individuos? Por definición, un individuo es una entidad autónoma indivisible. Ahora bien, a escala celular no somos ni autónomos ni indivisibles. ¿Es posible que los organismos hayan sido seleccionados por la evolución como seres múltiples, como asociaciones y no como individuos?[2]. ¿Cabría la posibilidad de que fuéramos más eficaces, más resilientes tal vez, cuando somos quiméricos que cuando somos homogéneos? Los ecólogos lo saben desde hace tiempo: cuanto más rico en especies sea un ecosistema, mejor podrá sobreponerse a las vicisitudes de la vida. Un ecosistema compuesto de un único genoma es extremadamente vulnerable al menor accidente (agente patógeno, sequía, contaminación, etc.). ¿Por qué no adoptar la misma perspectiva ecológica respecto a los individuos? Y es que nosotros también somos conjuntos heteróclitos —holobiontes, dicen los investigadores—. Nuestros cuerpos exhiben una hospitalidad desbordante. La idea de un individuo autoconstruido a partir de un único huevo, perfectamente uniforme e independiente, es un mito. Este mito quizá se adecue al ideal de las sociedades occidentales modernas, donde el acento recae sobre el individuo más que sobre el conjunto, donde los logros de un *self-made-man* son más valorados que los tanteos de un equipo. Solo que, en realidad, no somos esas islas de fronteras estancas, protegidas del mundo exterior por un sistema inmunitario belicista. Somos paisajes con fronteras difusas, irrigados por ríos compartidos que arrastran los elementos que nos constituyen. Un colectivo en co-construcción permanente, cuyo equilibrio depende de las interacciones entre todos sus constituyentes. De aquí parte la idea de un sistema inmunitario que actuaría como una fuerza unificadora de los diferentes constituyentes, un sistema en el que «las diferencias son precisamente lo que mantiene el mundo unido»[3]. Es el momento de «ecologizar» la inmunología[4].

Me agrada la idea de que estemos tejidos de otros desde el principio. Me gusta pensar que nuestra identidad se construye con y gracias a los demás, que no viene dada de una vez por todas. Me agrada también barrer las nociones de propiedad y de origen. He echado la cuenta y mis «propias» células tienen hasta diez «propietarios» diferentes, (sin contabilizar la hipótesis de las relaciones sexuales como fuente de microquimerismo). La eterna pregunta «¿de dónde vienes?» es sustituida por «¿qué haces?». Da igual que uno venga del «interior», del huevo original, o del «exterior»: lo que importa es la manera de interactuar, lo que prima es la nueva configuración creada. «Suele decirse que el hombre habita el mundo, pero [...], en realidad, sería igualmente legítimo afirmar que el mundo habita el hombre, ya que el hombre está siempre lleno de la alteridad que lo rodea, ya sea humana o no humana», escriben el filósofo de la ciencia Thomas Pradeu y el inmunólogo Edgardo Carosella en su libro, *L'Identité, la part de l'autre*[5].

Soy consciente de que no es más que una interpretación entre tantas. Una interpretación que se corresponde con mis deseos, con mis proyecciones. Muchos pensadores han subrayado hasta qué punto tenemos tendencia a buscar en la ciencia justificaciones de nuestras visiones del mundo, «las historias que nos gusta oír», dice la física y filósofa de la ciencia Evelyn Fox Keller. Entre las otras lecturas, la más corriente —y la que más me molesta— es la siguiente: dado que la naturaleza vincula a la mujer tan íntimamente con sus hijos, esa es la prueba de que su lugar natural está a su lado. En el mismo sentido, como ya se ha visto, hay quien se vale del microquimerismo para luchar contra el aborto, pues este «rompe los vínculos biológicos que unen para siempre a la madre y el hijo», ya que «las células del bebé vivirán en la madre para el resto de su vida y lucharán literalmente por su vida»[6]. Al contrario que mi interpretación, esas lecturas parecen aferrarse a las nociones de propiedad y origen. Las células siguen siendo así propiedad de los individuos, siguen conservando sus características. Actúan con sus intenciones. No dependen de un todo mayor: son autónomas, como movidas por las ideas y los deseos del organismo del que surgieron. Su origen es más importante que aquello en lo que se han convertido. Sin embargo, aunque esas células procedan de un cierto óvulo fecundado, ellas jamás lo han conocido. La duración de la mayoría de nuestras células abarca entre unas horas y unos años. Desde su excursión por nuestro organismo han sufrido varias divisiones. Las microquimeras que nos habitan son descendientes de las células pioneras. No son ya las propias viajeras. A nadie se le ocurriría la idea de llamar a su hijo adolescente «mi feto». Entonces, ¿por qué seguir calificando como fetales unas células que hace años que dejaron de serlo? Dividiéndose en su nuevo entorno, esas células han tenido tiempo de sobra para adaptarse, para modificar no su secuencia de ADN, sino su lectura. Es lo que se conoce como epigenética, literalmente «por encima de la genética». Así pues, el entorno de una célula o de un organismo influye en la lectura bioquímica del ADN, activando algunos genes y reprimiendo otros. Gracias a ese mecanismo, una célula de la piel actúa de forma diferente a una célula del cerebro a pesar de que su genoma sea estrictamente idéntico. La epigenética explica también por qué dos auténticos gemelos nunca son dos clones; o cómo la exposición a ciertos productos químicos, la ansiedad o incluso la alimentación pueden provocar una modificación en la expresión de nuestros genes. Nuestro genoma ha de ser contemplado como una partitura que puede ser leída de diversas maneras en función de los directores de orquesta. Según el lugar en el que se ubiquen, las células de origen fetal interpretan de un modo diferente la sinfonía. Sin duda, su concierto ha perdido el carácter íntimo con que se interpretaba durante los primeros días de la embriogénesis.

A menudo, los discursos de la ciencia sirven «para reforzar los estereotipos sociales y culturales dominantes haciéndolos aparecer como naturales», advierte la bióloga y feminista Lisa Weasel[7]. Creo que eso es lo que sucede con las interpretaciones reaccionarias del microquimerismo: los vínculos naturales a escala microscópica sirven de justificación a las relaciones de poder que estructuran nuestras sociedades desde hace milenios, lo que viene de perlas para disimular los procesos de construcción social que han encerrado a las mujeres en la esfera doméstica. ¡Pero si es la naturaleza!, se justifican. A veces, Dios sustituye a la naturaleza. Las lecturas religiosas del microquimerismo están muy presentes, sobre todo en los Estados Unidos. Se habla de «una comunión de varias personas»[8], a imagen de la naturaleza trinitaria de Dios. Asimismo, se justifica la inmortalidad de la Virgen María a través de la presencia de las células de su hijo divino en su cuerpo. «Un día me preguntaron si el microquimerismo podría constituir una prueba científica de su virginidad», confiesa la investigadora Nathalie Lambert. Se corre el riesgo de que esas lecturas vayan más allá. El nuevo proyecto internacional «Microquimerismo, salud humana y evolución», dirigido por Amy Boddy y Thomas Kroneis, está financiado por la Fundación John Templeton. Este inversor americano, cuya divisa era «invertir en los momentos de mayor pesimismo y vender en los de mayor optimismo», creó el Premio Templeton en 1972 para «galardonar los descubrimientos que aporten nuevos conocimientos sobre la religión». Un premio mejor dotado que el Nobel con el objetivo de promover la importancia del «progreso de la religión»[9]. En 1987 crea una fundación y, unos años después, fija sus principales ámbitos de acción: «El empleo de métodos científicos para comprender el trabajo y el objetivo del creador, la investigación sobre el estudio o el incentivo de los progresos de la religión y la investigación sobre las ventajas de la religión». Hoy es su hija pequeña, Heather Templeton Dill, quien gestiona la fundación. Las referencias a la religión son menos visibles, pero siguen estando presentes. ¿Qué tienen en común todos los proyectos financiados? «Inspirar admiración y estupor, y ayudar a la humanidad a comprender lo que significa vivir una vida llena de sentido», puede leerse en su página web. Además de la fundación, la familia también apoya causas políticas: en 2008, John Templeton Jr. donó más de un millón de dólares a favor de una campaña que logró prohibir el matrimonio homosexual en California. Es razonable preguntarse por la interpretación y el uso que esta fundación hará de los resultados del grupo de investigación sobre microquimerismo, aunque los científicos que lo integran no los compartan.

Sin duda, resulta inevitable querer vincular las observaciones del mundo vivo con nuestras pautas de lectura de las sociedades humanas, pero, cuando la necesidad de confirmar nuestras ideas y nuestras creencias prevalecen sobre el deseo de comprender, acecha el peligro. Ojalá este libro haya avivado vuestro deseo de comprender. Ojalá os entren ganas de ver y de saber, más que de creer. A lo largo de estas páginas he intentado describir con rigor y precisión un nuevo paisaje, nuestro paisaje, según va tomando forma con las pinceladas de los científicos. Este cuadro está todavía en proceso, todavía quedan muchas partes sin acabar. Sin duda, tendréis que llenar las zonas en blanco de nuestra ignorancia con vuestra imaginación. Es probable, entonces, que vuestras fantasías digan más sobre vuestra identidad que el microquimerismo que portáis. «Cada uno sueña lo desconocido y lo imposible según su naturaleza», dice Victor Hugo en *Los miserables*.

Os toca soñar lo desconocido, imaginar la continuación.

Puede que un día la ciencia nos diga que esos sueños no eran más que quimeras. O que, desafiando lo imposible, ha surgido una nueva posibilidad.

AGRADECIMIENTOS

A mis dos megaquimeras, Milena y Tilio.

A Gaëtan, que ha soportado audazmente mi obsesión quimérica durante estos largos meses. Este libro no sería el mismo sin ti.

Mi gratitud inmensa a todos los científicos que han contestado a mis incesantes preguntas. En particular, a Nathalie Lambert (¡un día llevaremos finalmente a cabo todos los experimentos que hemos imaginado juntas!). Y también a Lee Nelson, Amy Boddy, Kiarash Khosrotehrani, Sélim Aractingi, Edgardo Carosella, Aryn Martin, Mike Eimans, Thomas Kroneis, Whitney Harrington, Samy Kanaan, Tiffany Pan, Swati Shree, David Haig, Diana Bianchi, William Burlingham, Petra Arck, Hina Chaudry, Mads Kamper-Jørgensen, Thomas Pradeu, Margrit Shildrick, Éric Bapteste y otros muchos más...

Gracias también a mis primeros y leales lectores, Gisèle, Michel, Annie, Marion, por vuestros valiosos comentarios.

Estoy profundamente agradecida al Centre National du Livre por haber confiado en mí al concederme una beca anual para dedicarme a la investigación y la escritura.

Por último, mi afectuoso agradecimiento a Amélie Petit y a todo el equipo de Premier Parallèle, así como Chloé Bouchaour. Qué placer estar tan bien acompañada...

NOTAS

1. Viaje por el mar materno

[1] V. Mesdag *et al.*, «Le trophoblaste: chef d'orchestre de la tolérance immunologique maternelle», *Journal de Gynécologie Obstetrique et Biologie de la Reproduction,* vol. 43, n.° 9, pp. 657-670, 2014.

[2] O. Lapaire *et al.*, «Georg Schmorl on Trophoblast in the Maternal Circulation», *Placenta,* vol. 28, pp. 1-5, 2007.

[3] G. Schmorl, *Pathologisch-anatomische Untersuchungen über Puerperal-Eklampsie,* Verlag FCW Vogel, 1893.

[4] G. Douglas *et al.*, «Trophoblast in the circulating blood during pregnancy», *American Journal of Obstetrics and Gynecology,* vol. 78, pp. 960-973, 1959.

[5] J. Walksnowska *et al.*, «Practical and theoretical implications of fetal-maternal lymphocyte transfer», *The Lancet,* vol 78, n.º 5, pp. 960-973, 1969.

[6] A. Stahlberg *et al.*, «Unravelling the biological secrets of microchimerism by single-cell analysis», *Briefings in Functional Genomics,* vol. 17, n.º 4, pp. 255-264, 2018; G. S. Dawe *et al.*, «Cell Migration from Baby to Mother», *Cell Adhesion & Migration,* vol. 1, n.º 1, pp. 19-27, 2007; Y. M. D. Lo *et al.*, «Presence of fetal DNA in maternal plasma and serum», *The Lancet,* vol. 350, pp. 485-487, 1997; C. Boyon *et al.*, «Microchimérisme foetal: un bien ou un mal pour le fœtus et sa mère?», *Gynécologie Obstétrique & Fertilité,* vol. 39, n.º 4, pp. 224-231, 2011.

[7] Diana Bianchi *et al.*, «Male fetal progenitor cells persist in maternal blood for as long as 27 years postpartum», *Proceedings of the National Academy of Sciences of the USA,* vol. 93, n.º 2, pp. 705-708, 1996.

2. ¿Las invasiones bárbaras?

[1] L. Barnéoud, *Immunisés? Un nouveau regard sur la vaccination,* Premier Parallèle, 2018.

[2] J. L. Nelson, «Maternal-fetal immunology and autoimmune disease. Is some autoimmune disease auto-alloimmune or allo-autoimmune?», *Arthritis and Rheumatology,* vol. 39, n.º 2, 1996.

[3] J. L. Nelson *et al.,* «Microchimerism and HLA-compatible relationships of pregnancy in scleroderma», *The Lancet,* vol. 351, n.º 9102, pp. 559-562, 1998.

[4] A. Martin, «"I contain multitudes": chimeras, cells and the materialization of identities», Tesis Doctoral, Cornell University, 2006. Véase también A. Martin, «Microchimerism in the Mother(land): Blurring the Borders of Body and Nation», *Body and Society,* vol. 16, n.º 3, 2010.

[5] E. D. Carosella y T. Pradeu, *L'Identité, la part de l'autre. Immunologie et philosophie,* Odile Jacob, 2010.

[6] M. Daëron, *L'Immunité, la vie. Pour une autre immunologie,* Odile Jacob, 2021.

[7] T. Pradeu, *L'Immunologie et la définition de l'identité biologique,* tesis doctoral en filosofía defendida en 2007.

3. Te llevo bajo la piel

[1] J. Dausset, «La définition biologique du soi», en J. Bernard, M. Bessis y C. Debru (dir.), *Soi et non-soi,* Seuil, 1990.

[2] E. D. Carosella *et al.,* «HLA-G revisited», *Immunology Today,* vol. 17, n.º 9, pp. 407-409, 1996.

[3] S. Aractingi *et al.,* «Fetal DNA in skin of polymorphic eruptions of pregnancy», *The Lancet,* vol. 352, n.º 9144, pp. 1898-1901, 1998.

[4] C. Artlett *et al.,* «Identification of fetal DNA and cells in skin lesions from women with systemic sclerosis», *The New England Journal of Medicine,* vol. 338, n.º 17, pp. 1186-1191, 1998; K. L. Johnson *et al.,* «Fetal Cell Microchimerism in Tissue From Multiple Sites in Women With Systemic Sclerosis», *Arthritis et Rheumatism,* vol. 44, n.º 8, 2001.

[5] D. Bianchi, «Fetomaternal Cell Trafficking: A New Cause of Disease?», *American Journal of Medical Genetics,* vol. 91, n.º 1, pp. 22-28, 2000.

[6] S. Aractingi y K. Khosrotehrani, «Microchimerism: Fears and Hopes», *Dermatology,* vol. 210, n.º 1, pp. 1-2, 2005.

[7] A. Tanaka *et al.*, «Fetal microchimerism alone does not contribute to the induction of primary biliary cirrhosis», *Hepatology*, vol. 30, n.º 4, pp. 833-838, 1999.

[8] B. Srivatsa *et al.*, «Microchimerism of presumed fetal origin in thyroid specimens from women: a case-control study», *The Lancet*, vol. 358, n.º 9298, pp. 2034-2038, 2001.

[9] K. L. Johnson *et al.*, «Significant Fetal Cell Microchimerism in a Non-transfused Woman With Hepatitis C: Evidence of Long-Term Survival and Expansion», *Hepatology*, vol. 36, n.º 5, pp. 1295-1297, 2002.

[10] K. Khosrotehrani y D. Bianchi, «Multi-lineage potential of fetal cells in maternal tissue: a legacy in reverse», *Journal of Cell Science*, vol. 118, n.º 8, pp. 1559-1563, 2005.

[11] K. Khosrotehrani *et al.*, «Transfer of Fetal Cells With Multilineage Potential to Maternal Tissue», *JAMA*, vol 292, n.º 1, 2004.

[12] A. Martin, «"I contain multitudes", chimeras, cells and the materialization of identities», *op. cit.*

[13] https://prolifeaction.org/2011/vickithorn/.

4. Regreso al futuro

[1] A. Martin y K. Holloway, «"Something there is that doesn't love a wall": Histories of the placental Barrier», *Studies in History and Philosophy of Biological and Biomedical Sciences*, vol. 47, partie B, pp. 300-310, 2013.

[2] R. Desai y W. Creger, «Maternofetal passage of leukocytes and platelets in man», *Blood*, vol. 21, n.º 6, pp. 665-673, 1963.

[3] J.-I. Kadowaki *et al.*, «XX/XY lymphoid chimerism in congenital immunological deficiency syndrome with thymic alymphoplasia», *The Lancet*, vol. 286, n.º 7423, pp. 1152-1155, 1965.

[4] M. Pollack *et al.*, «DR-positive maternal engrafted T cells in a severe combined immunodeficiency patient without graft-versus-host disease», *Transplantation*, vol. 30, n.º 5, pp. 331-334, 1980; M. S. Pollack *et al.*, «Identification by HLA typing of intrauterine derived maternal T cells in four patients with severe combined immunodeficiency», *The New England Journal of Medicine*, vol. 307, n.º 11, pp. 662-666, 1982.

[5] S. Osada *et al.*, «A Case of Infantile Acute Monocytic Leukemia Caused by Vertical Transmission of the Mother's Leukemic Cells», *Cancer*, vol. 65, n.º 5, pp. 1146-1149, 1990; E. Catlin *et al.*, «Transplacental transmission of natural-killer-cell lymphoma», *New England Journal of Medecine*, vol. 341, n.º 2, pp. 85-91, 1999.

[6] T. Petit *et al.*, «A highly sensitive polymerase chain reaction method reveals the ubiquitous presence of maternal cells in human umbilical cord blood», *Experimental Hematology,* vol. 23, n.º 14, pp. 1601-1605, 1995.

[7] S. Maloney *et al.*, «Microchimerism of maternal origin persists into adult life», *The Journal of clinical investigation,* vol. 104, n.º 1, pp. 41-47, 1999.

[8] A. M. Stevens *et al.*, «Myocardial-tissue-specific phenotype of maternal microchimerism in neonatal lupus congenital heart block», *The Lancet,* vol. 362, pp. 1617-1623, 2003.

[9] L. Nelson *et al.*, «Maternal microchimerism in peripheral blood in type 1 diabetes and pancreatic islet cell microchimerism», *PNAS,* vol. 104, n.º 5, pp. 1637-1642, 2007.

5. El otro en uno mismo

[1] R. D. Owen, «Immunogenetic Consequences of vascular anastomoses between bovine twins», *Science,* vol. 102, n.º 2651, p. 400, 1945.

[2] Ray Owen *et al.*, «Evidence for actively acquired tolerance to Rh antigens», *PNAS,* vol. 40, n.º 6, pp. 420-424, 1954.

[3] A. Martin, «"Incongruous juxtapositions": the chimaera and Mrs McK», *Endeavour,* vol. 31, n.º 3, 2007.

[4] P. B. Medawar, *The Uniqueness of the Individual,* Routledge, 1957.

[5] I. Dunsford *et al.*, «A Human blood-Group Chimera», *British Medical Journal,* vol. 2, n.º 4827, 1953.

[6] A. Martin, «"I contain multitudes", chimeras, cells and the materialization of identities», *op. cit.*

[7] K. Madan, «Natural human chimeras: A review», *European Journal of Medical Genetics,* vol. 63, n.º 103971, 2020.

[8] G. De Moor *et al.*, «A new case of human chimerism detected after pregnancy: 46, XY karyotype in the lymphocytes of a woman», *Acta Clinica Belgica,* vol 43, n.º 3, pp. 231-235, 2016.

[9] D. Rodriguez-Buritica *et al.*, «Sex-discordant monochorionic twins with blood and tissue chimerism», *American Journal of Medical Genetics,* vol 167, n.º 4, pp. 872-877, 2015.

[10] H. Wolinsky, «A mythical beast», *EMBO reports,* vol. 8, n.º 3, 2007.

[11] N. Yu *et al.*, «Disputed maternity leading to identification of tetragametic chimerism», *The New England Journal of Medicine,* vol. 346, n.º 20, pp. 1545-1552, 2002.

[12] A. C. Petrini *et al.*, «Early spontaneous multiple fetal pregnancy reduction is associated with adverse perinatal outcomes in in vitro fertilization cycles», *Women's Health,* vol. 12, n.º 4, pp. 420-426, 2016 ; H. J. Landy y L. G. Keith, «The vanishing twin: a review», *Human Reproduction Update,* vol. 4, n.º 2, pp. 177-183, 1998.

[13] National Public Radio, «Sophisticated DNA Testing Turning Up More Cases of Chimeras, People with Two Sets of DNA», Morning Edition, 11 de agosto de 2003; A. Martin, «The Chimera of Liberal Individualism: How Cells Became Selves in Human Clinical Genetics», *Osiris,* vol. 22, n.º 1, 2007.

[14] H. Wolinsky, *op. cit.*

[15] «I Gave Birth to My Unborn Twin's Children», TV Real Families, 2021, https://www.youtube.com/watch?v=FjtJBmLljyE.

[16] S. M. Gartler *et al.*, «An XX/XY human hermaphrodite resulting from double fertilization», *PNAS,* vol. 48, n.º 3, pp. 332-335, 1962.

[17] V. Malan *et al.*, «Chimera and other fertilization errors», *Clinical Genetics,* vol. 70, n.º 5, pp. 363-373, 2006.

[18] K. Madan, «Natural human chimeras: a review», *European Journal of Medical Genetics,* vol. 63, n.º 9, 2020.

[19] B. Hanley, «Dual-Gender Macrochimeric Tissue Discordance is Predicted to be a Significant Cause of Human Homosexuality and Transgenderism», *Hypotheses in the Life Sciences,* vol. 1, n.º 3, pp. 63-70, 2011, https://www.youtube.com/watch?v=8ov_1RncUYs.

[20] «She's Her Own Twin», ABC News, 15 de agosto de 2006.

[21] M. Shildrick, *Visceral Prostheses. Somatechnics and Posthuman Embodiment,* Bloomsbury Publishing, 2022; M. Shildrick, «Maternal-Fetal Microchimerism and Genetic Origins: Some Socio-legal Implications», *Science, Technology & Human Values,* vol. 47, n.º 6, pp. 1-22, 2022.

[22] K. M. Sheets *et al.*, «A case of chimerism-induced paternity confusion: what ART practitioners can do to prevent future calamity for families», *Journal of Assisted Reproduction and Genetics,* vol. 35, pp. 345-352, 2018.

[23] *Nona et ses filles [Nona y sus hijas],* serie dirigida por Valérie Donzelli, guión de Valérie Donzelli y Clémence Madeleine-Perdrillat, Arte, 2021.

[24] Episodio 23 de la cuarta temporada.

6. Los otros yo

[1] H. Murphy, «When a DNA Test Says You're a Younger Man, Who Lives 5,000 Miles Away», *The New York Times,* 7 de diciembre 2019.

[2] T. Starzl *et al.*, «Cell migration, chimerism, and graft acceptance», *The Lancet*, vol. 339, n.º 8809, pp. 1579-1582, 1992.

[3] T. Starzl *et al.*, «Cell Migration and Chimerism After Whole-organ Transplantation: The Basis of Graft Acceptance», *Hepatology*, vol. 17, n.º 6, pp. 1127-1152, 1993.

[4] F. Quaini *et al.*, «Chimerism of the Transplanted Heart», *The New England Journal of Medicine*, 346, pp. 5-15, 2002.

[5] T. Starzl, «"Acceptation" et tolérance des allogreffes: nouveau concept», *Bulletin de l'Académie nationale de médecine*, vol. 182, n.º 1, pp. 79-86, 1998.

[6] J. M. Puja *et al.*, «Early Hematopoietic Microchimerism Predicts Clinical Outcome After Kidney Transplantation», *Transplantation*, vol. 84, n.º 9, pp. 1103-1111, 2007.

[7] W. J. Burlingham *et al.*, «Microchimerism linked to cytotoxic T lymphocyte functional unresponsiveness (clonal anergy) in a tolerant renal transplant recipient», *Transplantation*, vol. 59, n.º 8, pp. 1147-1155, 1995.

[8] D. Bianchi *et al.*, «Male fetal progenitor cells persist in maternal blood for as long as 27 years postpartum», art. cit.

[9] W. J. Burlingham *et al.*, «The effect of tolerance to noninherited maternal HLA antigens on the survival of renal transplants from sibling donors», *The New England Journal of Medicine*, vol. 339, n.º 23, pp. 1657-1664, 1998.

[10] S. Aractingi *et al.*, «Skin Carcinoma Arising From Donor Cells in a Kidney Transplant Recipient», *Cancer Research*, vol. 65, n.º 5, pp. 1755- 1760, 2005.

[11] L. Champion *et al.*, «Metastatic Renal Cell Carcinoma in a Renal Allograft: A Sustained Complete Remission After Stimulated Rejection», *American Journal of Transplantation*, vol. 17, n.º 4, pp. 1125-1128, 2017.

7. La suma de lo que somos

[1] C. Guettier *et al.*, «Male cell microchimerism in normal and diseased female livers from fetal life to adulthood», *Hepatology*, vol. 42, n.º 1, pp. 35-43, 2005.

[2] S. R. Kumar *et al.*, «The health effects of fetal microchimerism can be modeled in companion dogs», *Chimerism*, vol. 4, n.º 4, pp. 139-141, 2013; R. O. Vilmundarson, «Savior Siblings Might Rescue Fetal Lethality But Not Adult Lymphoma in Irf2bp2-Null Mice», *Frontiers in Immunology*, vol. 13, 2022.

[3] M. P. Dierselhuis *et al.*, «Transmaternal cell flow leads to antigen-experienced cord blood», *Blood*, vol. 120, n.º 3, pp. 505-510, 2012.

[4] P. Steptoe *et al.*, «Observations on 767 clinical pregnancies and 500 births, after human in-vitro fertilization», *Human Reproduction,* vol. 1, n.º 2, pp. 89-94, 1986.

[5] K. R. Karlmark *et al.*, «Grandmaternal cells in cord blood», *EBioMedicine,* vol. 74, n.º 103721, 2021.

[6] A. G. Soerens *et al.*, «Functional T cells are capable of supernumerary cell division and longevity», *Nature,* vol. 614, n.º 7949, pp. 762-766, 2023.

[7] M. Shildrick, «(Micro)chimerism, Immunity and Temporality: Rethinking the Ecology of Life and Death», *Australian Feminist Studies,* vol. 34, n.º 99, pp. 10-24, 2019.

[8] G. Edgren *et al.*, «Risk of cancer after blood transfusion from donors with subclinical cancer: a retrospective cohort study», *The Lancet,* vol. 369, n.º 9574, pp. 1724-1730, 2007.

[9] A. C. Müller *et al.*, «Microchimerism of male origin in a cohort of Danish girls», *Chimerism,* vol. 6, n.º 4, pp. 65-71, 2015.

[10] D. Di Mascio *et al.*, «Type of paternal sperm exposure before pregnancy and the risk of preeclampsia: A systematic review», *European Journal of Obstetrics, Gynecology, and Reproductive Biology,* vol. 251, pp. 246-253, 2020.

[11] S. Robertson *et al.*, «Seminal fluid and fertility in women», *Fertility and Sterility,* vol. 106, n.º 3, pp. 511-519, 2016.

[12] W. F. N. Chan *et al.*, «Male Microchimerism in the Human Female Brain», *PLoS One,* vol. 7, n.º 9, 2012.

[13] X. W. Tan *et al.*, «Fetal microchimerism in the maternal mouse brain: a novel population of fetal progenitor or stem cells able to cross the blood-brain barrier?», *Stem Cells,* vol. 23, n.º 10, pp. 1443-1452, 2005; X. X. Zeng *et al.*, «Pregnancy-Associated Progenitor Cells Differentiate and Mature into Neurons in the Maternal Brain», *Stem Cells and Development,* vol. 19, n.º 12, 2010.

[14] S. Schepanski *et al.*, «Pregnancy-induced maternal microchimerism shapes neurodevelopment and behavior in mice», *Nature Communications,* vol. 13, n.º 1, 2022.

8. Desciframiento babélico

[1] K. Khosrotehrani *et al.*, «Natural history of fetal cell microchimerism during and following murine pregnancy», *Journal of Reproductive Immunology,* vol. 66, n.º 1, pp. 1-12, 2005.

[2] S. Nguyen Huu *et al.*, «Maternal neoangiogenesis during pregnancy partly derives from fetal endothelial progenitor cells», *Proceedings of the National Academy of Sciences of the USA,* vol. 104, n.º 6, pp. 1871-1876, 2007.

[3] M. Castela *et al.*, «Ccl2/Ccr2 signalling recruits a distinct fetal micro-chimeric population that rescues delayed maternal wound healing», *Nature Communications,* vol. 8, 2017.

[4] U. Mahmood y K. O'Donoghue, «Microchimeric fetal cells play a role in maternal wound healing after pregnancy», *Chimerism,* vol. 5, n.º 2, pp. 40-52, 2014.

[5] R. Kara *et al.*, «Fetal Cells Traffic to Injured Maternal Myocardium and Undergo Cardiac Differentiation», *Circulation Research,* vol. 110, n.º 1, pp. 82-93, 2012.

[6] G. Lim, «Do fetal cells repair maternal hearts?», *Nature Reviews Cardiology,* vol. 9, n.º 67, p. 67, 2012.

[7] S. Vadakke-Madathil *et al.*, «Multipotent fetal-derived Cdx2 cells from placenta regenerate the heart», *Proceedings of the National Academy of Sciences of the USA,* vol. 116, n.º 24, pp. 11786-11795, 2019.

[8] M. Castela *et al.*, art. cit.

[9] M. Sbeih *et al.*, «CCL2 recruits fetal microchimeric cells and dampens maternal brain damage in post-partum mice», *Neurobiology of Disease,* vol. 174, 2022.

[10] S. Schepanski *et al.*, art. cit.

[11] I. A. Stelzer *et al.*, «Vertically transferred maternal immune cells promote neonatal immunity against early life infections», *Nature Communications,* vol. 12, n.º 1, 2021.

[12] Se considera que, durante los seis primeros meses, los bebés se defienden de las infecciones gracias a la persistencia de anticuerpos maternos, proteínas fabricadas por ciertas células inmunitarias, capaces de reconocer y de neutralizar los patógenos encontrados. Por eso, los investigadores se centraron pasados los seis meses, cuando esa forma de protección pasiva disminuye.

[13] C. Balle *et al.*, «Factors influencing maternal microchimerism throughout infancy and its impact on infant T cell immunity», *The Journal of Clinical Investigation,* vol. 132, n.º 13, 2022.

[14] H. S. Gammill y W. E. Harrington, «Microchimerism: Defining and Redefining the Prepregnancy Context – A Review», *Placenta,* vol. 60, pp. 130-133, 2017; W. E. Harrington *et al.*, «Maternal Microchimerism Predicts Increased Infection but Decreased Disease due to Plasmodium falciparum During Early Childhood», *The Journal of Infectious Diseases,* vol. 215, n.º 9, pp. 1445-1451, 2017.

[15] T. Petit *et al.*, «A highly sensitive polymerase chain reaction method reveals the ubiquitous presence of maternal cells in human umbilical cord blood», *Experimental Hematology,* vol. 23, n.º 14, pp. 1601-1605, 1995.

[16] G. Socié *et al.*, «Search for Maternal Cells in Human Umbilical Cord Blood by Polymerase Chain Reaction Amplification of Two Minisatellite Sequences», *Blood,* vol. 83, n.º 2, 1994.

[17] D. C. Linch y L. Brent, «Can cord blood be used?», *Nature,* vol. 340, 1989.

[18] E. Gluckman *et al.,* «Hematopoietic Reconstitution in a Patient with Fanconi's Anemia by Means of Umbilical-Cord Blood from an HLA-Identical Sibling», *The New England Journal of Medicine,* vol. 321, n.º 17, pp. 1174-1178, 1989.

[19] J. J. van Rood *et al.,* «Indirect evidence that maternal microchimerism in cord blood mediates a graft-versus-leukemia effect in cord blood transplantation», *Proceedings of the National Academy of Sciences of the USA,* vol. 109, n.º 7, 2012; S. B. Kanaan *et al.,* «Cord Blood Maternal Microchimerism Following Unrelated Cord Blood Transplantation», *Bone Marrow Transplant,* vol. 56, n.º 5, 2021.

9. El lado oscuro de la fuerza

[1] S. Nguyen Huu *et al.,* «Fetal microchimeric cells participate in tumour angiogenesis in melanomas occurring during pregnancy», *The American Journal of Pathology,* vol. 174, n.º 2, pp. 630-637, 2009.

[2] L. M de Bellefon *et al.,* «Cells from a vanished twin as a source of microchimerism 40 years later», *Chimerism,* vol. 1, n.º 2, pp. 56-60, 2010.

[3] P. J. Christner *et al.,* «Increased numbers of microchimeric cells of fetal origin are associated with dermal fibrosis in mice following injection of vinyl chloride», *Arthritis & Rheumatology,* vol. 43, n.º 11, 2000.

[4] A. Vogelgesang *et al.,* «Cigarette Smoke Exposure during Pregnancy Alters Fetomaternal Cell Trafficking Leading to Retention of Microchimeric Cells in the Maternal Lung», *PLoS One,* vol. 9, n.º 5, 2014.

[5] C. Balle *et al.,* art. cit.

[6] J. M. Rak *et al.,* «Transfer of the Shared Epitope Through Microchimerism in Women With Rheumatoid Arthritis», *Arthritis & Rheumatology,* vol. 60, n.º 1, pp. 73-80, 2009; Z. Yan *et al.,* «Acquisition of the rheumatoid arthritis HLA shared epitope through microchimerism», *Arthritis & Rheumatology,* vol. 63, n.º 3, pp. 640-644, 2011.

[7] N. Schupf *et al.,* «Specificity of the fivefold increase in AD in mothers of adults with Down syndrome», *Neurology,* vol. 57, n.º 6, pp. 979-984, 2001.

[8] L. Nelson y N. Lambert, «Forward and reverse inheritance – the yin and the yang», *Nature Reviews Rheumatology,* vol. 13, pp. 396-397, 2017.

[9] B. Demirbek y O. Demirhan, «Microchimerism may be the cause of psychiatric disorders», *Archives of Psychiatry and Mental Health,* vol. 3, pp. 42-46, 2019; O. Demirhan *et al.,* «Effect of fetal microchimeric cells on the deve-

lopment of postnatal depression», *Medical and Clinical Archives,* vol. 3, pp. 1-6, 2019.

[10] X. X. Zeng *et al.,* «Pregnancy-associated progenitor cells differentiate and mature into neurons in the maternal brain», *Stem Cells and Development,* vol. 19, n.º 12, pp. 1819-1830, 2010; A. M. Boddy *et al.,* «Fetal microchimerism and maternal health: A review and evolutionary analysis of cooperation and conflict beyond the womb», *BioEssays,* vol. 37, n.º 10, pp. 1106-1118, 2015.

10. Zombis y tities

[1] S. E. Geller *et al.,* «A global view of severe maternal morbidity: moving beyond maternal mortality», *Reproductive Health,* vol. 15, n.º 98, 2018.

[2] A. Boddy *et al.,* art. cit.

[3] E. Dhimolea *et al.,* «High male chimerism in the female breast shows quantitative links with cancer», *International Journal of Cancer,* vol. 133, n.º 4, pp. 835-834, 2003; V. K. Gadi, «Fetal microchimerism in breast from women with and without breast cancer», *Breast Cancer Research and Treatment,* vol. 121, n.º 1, pp. 241-244, 2010.

[4] S. Wang *et al.,* «Plasticity of the response of fetal mouse fibroblast to lactation hormones», *Cell Biology International,* vol. 27, n.º 9, pp. 755-760, 2003.

[5] W. F. N. Chan *et al.,* art. cit.

[6] X. X. Zeng *et al.,* art. cit.

[7] Cómitre-Mariano *et al.,* «Feto-maternal microchimerism: Memories from pregnancy», *iScience,* vol. 25, n.º 1, 2022.

[8] M. Kamper-Jørgensen *et al.,* «Male microchimerism and survival among women», *International Journal of Epidemiology,* vol. 43, n.º 1, pp. 168-173, 2014.

[9] M. Kamper-Jørgensen *et al.,* «Opposite effects of microchimerism on breast and colon cancer», *European Journal of Cancer,* vol. 48, n.º 14, pp. 2227-2235, 2012; S. Hallu *et al.,* «Male origin microchimerism and ovarian cancer», *International Journal of Epidemiology,* vol. 50, n.º 1, pp. 87-94, 2021; M. Kamper-Jørgensen *et al.,* «Male origin microchimerism and brain cancer: a case-cohort study», *Journal of Cancer Research and Clinical Oncology,* 2022.

[10] K. O'Donoghue, «Fetal microchimerism and maternal health during and after pregnancy», *Obstetric Medicine,* vol. 1, n.º 2, pp. 56-64, 2008.

[11] C. Ross *et al.,* «Germ-line chimerism and paternal care in marmosets *(Callithrix kuhlii)*», *PNAS,* vol. 104, n.º 15, pp. 6278-6282, 2007.

[12] S. Gould y R. Lewontin, «The spandrels of San Marco and the Panglossian paradigm: a critique of the adaptationist programme», *Proceedings of the Royal Society of London,* series B, vol. 205, n.º 1161, pp. 581-598, 1979.

[13] Léase especialmente Éric Bapteste, *Tous entrelacés! Des gènes aux super-organismes: les réseaux de l'évolution,* Belin, 2018.

Epílogo

[1] M. Shildrick, «(Micro)chimerism, Immunity and Temporality: Rethinking the Ecology of Life and Death», *Australian Feminist Studies,* vol. 34, n.º 99, p. 10-24, 2019.

[2] Léase, especialmente, S. Gilbert *et al.,* «A symbiotic view of life: we have never been individuals», *The Quarterly Review of Biology,* vol. 87, n.º 4, 2012.

[3] R. Esposito, *Immunitas. Protection et négation de la vie,* Seuil, 2021. *[Immnunitas. Protección y negación de la vida,* Buenos Aires, Amorrortu, 2005, trad. de Luciano Padilla López].

[4] T. Pradeu, *Les Limites du soi. Immunologie et identité biologique,* Les Presses de l'Université de Montréal, 2009.

[5] E. D. Carosella y T. Pradeu, *op.cit.*

[6] http://www.catholicmessenger.net/2019/01/the-eternal-mother-child-connection/.

[7] L. Weasel, «Dismantling the Self/Other Dichotomy in Science: Towards a Feminist Model of the Immune System», *Hypatia,* vol. 16, n.º 1, 2001.

[8] https://stmarkov.com/news/the-incarnation-and-fetomaternal-microchimerism-check-it-out

[9] https://www.templetonprize.org